Marek Katarzyński

# B-25J "Mitchell"
## in Combat over Europe (MTO)

KAGERO

# B-25J "Mitchell" in Combat over Europe (MTO)

**Marek Katarzyński**

First edition • LUBLIN 2013

Photo credits: **USAF, NARA, www.Fold3.com, www.warwingsart.com, www.57thbombwing.com, Autor's Archive**

Translation: **Piotr Kolasa**
Proof reading: **Karolina Kaźmierska**
Colour plates: **Janusz Światłoń**
DTP: **KAGERO STUDIO, Łukasz Maj**

ISBN: 978-83-62878-65-9

**Oficyna Wydawnicza KAGERO** • e-mail: kagero@kagero.pl, marketing@kagero.pl
**Editorial office, Marketing, Distribution: KAGERO Publishing Sp. z o.o.,**
**Akacjowa 100, os. Borek – Turka, 20-258 Lublin 62, Poland, phone/fax +4881 501 21 05**
**www.kagero.pl**

# Introduction

Most of the J models in Europe served with the 12th Air Force, specifically 57th Bomb Wing (310th, 340th and 231st Bomb Groups) and 42nd Bomb Wing (319th Bomb Group) operating in the Mediterranean Theater of Operations (MTO).

The bombers latest version began to arrive at the front line units gradually from late April 1944. The 319th BG received their new aircraft relatively late and did not convert from the B-26 "Marauder" bombers until November 1944. Because the J models would be used mainly for high altitude work in Europe the blister gun packs were deemed unnecessary and were removed from the aircraft. The weapons were indeed very useful in the Pacific were the majority of missions involved low level strafing. The only exception to the rule was the 319th BG whose aircraft retained the lower machine gun making the ships used by the unit easy to recognize.

The B-25Js of the 12th Air Force operated mainly in northern Italy and in the Balkans. They also supported U.S. landing in the south of France. Most of the missions flown in late 1944 and early 1945 focused on the Brenner Pass in the Alps which was a major supply route connecting Austria and northern Italy. The B-25s pounded railroad lines, railroad stations, bridges, roads and troop concentrations. Because of its strategic importance the Brenner Pass was heavily defended. For many of the B-25J crews a mission to the Brenner was a one way ticket.

During that period all the bomb groups mentioned above were stationed on the Island of Corsica. The 340th BG was based at Alesani, 321st BG deployed to Solenzara, 310th BG to Ghisonaccia and the 319th BG called Serriagia its home away from home. In the closing days of the war, on April 1, 1945 the "Mitchells" departed from Corsica and arrived in Italy. There they continued to harass the enemy until the end of hostilities in Europe. In Italy the 310th BG flew from Fano, 321st BG deployed to Falconara, while the 340th BG set up camp at Rimini (by that time the 319th BG had already left for the U.S. to convert to the A-26 "Invader". The unit then deployed to the Pacific where it remained in front line service for the last few months of the

Większość „Mitchelli" wersji J nad Europą latała w składzie 12. Armii Powietrznej USA, a konkretnie w 57. Skrzydle Bombowym (10., 340., 321. Grupa Bombowa) i w 42. Skrzydle Bombowym (319. Grupa Bombowa) na śródziemnomorskim teatrze działań wojennych (angielski skrót MTO – od Mediterranean Theater of Operations).

Nowa wersja bombowca zaczęła trafiać do jednostek stopniowo pod koniec kwietnia 1944 roku. Stosunkowo późno, bo w listopadzie 1944 przezbrojono 319. Grupę Bombową, która do tej pory używała bombowców B-26 „Marauder". W związku z tym, że wszystkie misje wykonywano na ogół na dużych wysokościach, demontowano boczne karabiny maszynowe usytuowane w zasobnikach z boku kadłuba pod kabiną. Bardziej przydatne takie uzbrojenie było na Pacyfiku, gdzie ataki przeprowadzano na bardzo niskim pułapie ostrzeliwując niżej położone cele. Wyjątkiem była 319. Grupa Bombowa, gdzie zachowano jeden dolny karabin maszynowy, przez co samoloty z tej Grupy można było bardzo łatwo zidentyfikować.

B-25 J z 12. Armii Powietrznej atakowały głównie cele na północy Włoch oraz na Bałkanach.

Wspierały też wojska amerykańskie podczas desantu na południowym wybrzeżu Francji.

Na przełomie 1944 i 45 roku większość misji odbyto nad przełęczą Brenner w Alpach, gdzie przebiegały główne linie zaopatrzeniowe łączące Austrię i północne Włochy; niszcząc linie kolejowe, stacje, mosty, drogi i większe skupiska wojsk. Ważna strategicznie dla Niemców przełęcz Brenner była silnie broniona i stale wzmacniana liczną obroną przeciwlotniczą, skutkiem czego wiele załóg B-25J nie powróciło do swych macierzystych baz.

Wszystkie wyżej wymienione Grupy Bombowe przezbrojone w nowe B-25J stacjonowały w tym czasie na Korsyce. I tak: 340th BG zajmowała lotnisko w Alesani, 321th BG w Solenzara, 310th BG zajęła lotnisko w Ghisonaccia, a 319th BG w Serriagia. Pod koniec wojny – 1 kwietnia 1945 roku – „Mitchelle" opuściły Korsykę i przeniosły się do Włoch, skąd odbyły ostatnie misje bojowe nękając do końca niemieckie pozycje i cele. 310th BG przeniosła się do Fano, 321th BG była w Falconara, a 340th BG w Rimini (319th BG była już w tym war). Most of the "Mitchells" of the 12<sup>th</sup> Air Force returned Stateside after the fall the German Reich.

# 340th BG

The unit used a digit and letter system for designation of individual squadrons. The battle numbers were applied in white paint to the vertical stabilizers of the aircraft.

486th BS was assigned the number "6" plus an individual aircraft letter. The squadron's color code was white, which was used at times to paint the front sections of the engine nacelles and propeller hubs. Number "7" was assigned to the 487th BS. This was accompanied by an individual aircraft letter designation. The squadron's color was blue. The aircraft from the 488th BS wore number "8" on their tails and the unit's color was red. The 489th BS was identified by the number "9" and its official color code was yellow.

After the disastrous Luftwaffe nighttime raid on May 13, 1944 (when the bare metal aluminum skins of the aircraft shone brightly illuminated by the moonlight and flares) the ground crews applied a coat of OD Green paint to the bare metal surfaces of their ships in an effort to better camouflage them against German attacks. Unfortunately the paint supplies quickly ran out, so some aircraft were painted using RAF stock. Lower surfaces were originally to be painted grey, but in the end most of the ships received a coat of paint only on their upper surfaces leaving the bellies in the original bare metal finish.

czasie w Stanach i szkoliła się na nowych samolotach A-26 „Invader", by powrócić w końcowych miesiącach wojny do boju nad Pacyfikiem). Większość „Mitchelli" 12. Armii powróciła po kapitulacji Niemiec do Stanów.

# 340. Grupa Bombowa

340. Grupa stosowała cyfrowo-literowy system identyfikacji poszczególnych dywizjonów malowany białą farbą na stateczniku pionowym.

486. Dywizjon posiadał cyfrę „6" oraz przynależną literę samolotu w dywizjonie. Dodatkowo kolorem dywizjonu był biały, sporadycznie malowano nim na niektórych samolotach przednie części osłon silników oraz piasty śmigła. 487. Dywizjon posiadał cyfrę „7" oraz kolejną literę alfabetu przypisaną do samolotu w dywizjonie, a kolorem jednostki był niebieski. 488. Dywizjon miał cyfrę „8" oraz przynależną literę, a kolorem dywizjonu był czerwony. Ostatni, 489. Dywizjon, miał cyfrę „9" i również literę samolotu w dywizjonie, a kolorem jednostki był żółty.

Po katastrofalnym ataku Luftwaffe 13 maja 1944 roku, podczas którego srebrne samoloty błyszczały polerowanym aluminium w świetle flar i księżyca, personel naziemny zaczął malować wszystkie samoloty oliwkową farbą nanoszoną na goły metal. Niestety, dostawy farby były niewystarczające, więc wiele samolotów zostało pomalowanych kolorem zielonym z zapasów RAFu. Dolne powierzchnie miano zamiar pomalować na szaro, ale w praktyce większość maszyn dostała tylko wierzchni kamuflaż, spód pozostawiano niemalowany.

B-25J-2 "Devil's Helper" s/n 43-27487th – 6B, pilot Lt. J. P. Hoschar. The aircraft belonged to the 486th BS/340th BG. Alesani, Corsica. Note the squadron insignia visible in the photograph. During a sortie over Vipiteno, Italy on March 20, 1945 the aircraft was hit by an 88 mm shell. The pilot, Lt. A.V. Mack was the only survivor and spent the rest of the war in a POW camp at Mooseburg. MACR 13202.

B-25J-2 „Devil's Helper" s/n 43-27487 – 6B, pilot Lt. J. P. Hoschar. Samolot z 486. Dywizjonu 340. Grupy Bombowej. Alesani, Korsyka. Na zdjęciu widoczne godło 486. Dywizjonu. W czasie misji 20 marca 1945 roku nad Vipiteno (Włochy), samolot dostał się pod silny ogień i otrzymał bezpośrednie trafienie pociskiem 88 mm. Pilot Lt. A.V. Mack był jedynym ocalałym z załogi i spędził resztę wojny w obozie w Mooseburgu. MACR 13202.

B-25J-1 "Ladies Delight" – s/n 43-4033 – 6J from the 486th BS/340th BG. Notice white lower front sections of the engine nacelles. The bomber wears the standard USAAF camouflage scheme. Alesani, Corsica, 1945.

B-25J-1 „Ladies Delight" – s/n 43-4033 – 6J z 486. Dywizjonu 340. Grupy Bombowej. Widoczne są białe dolne powierzchnie przednich osłon silników. Samolot posiada standardowy kamuflaż. Alesani, Korsyka, 1945 rok.

B-25J-5 "The Old Mill" s/n 43-28073 – 6N, pilot Lt. J.W. Lewis. The aircraft served with the 486th BS/340th BG. Alesani, Corsica.

B-25J-5 „The Old Mill" s/n 43-28073 – 6N, pilot Lt. J.W. Lewis. Samolot z 486. Dywizjonu 340. Grupy Bombowej. Alesani, Korsyka.

B-25 J-1 "I'll Take You Home Again Kathleen II" s/n 43-4061 – 6K, pilot Lt. M. P. Laney, crew chief Sgt. R. A. Petrozzi. The aircraft belonged to the 486th BS/340th BG. Alesani, Corsica. The machine features standard camouflage scheme. In the picture on the left the blister gun packs are yet to be removed. The aircraft's name is painted in red with yellow outline.

B-25 J-1 „I'll Take You Home Again Kathleen II" s/n 43-4061 – 6K, pilot Lt. M. P. Laney, szef personelu naziemnego (crew chief) Sgt. R. A. Petrozzi. Samolot z 486. Dywizjonu 340. Grupy Bombowej. Alesani, Korsyka. Maszyna ma standardowy kamuflaż. Na zdjęciu po lewej samolot posiada jeszcze niezdemontowane boczne karabiny maszynowe. Nazwa samolotu na kadłubie jest czerwona z żółtą obwódką.

B-25J-2 "Noah's ARC" s/n 43-27784 – 6Q from the 486th BS during a raid on German positions 25 miles north-east of Verona, Italy.

B-25J-2 „Noah's ARC" s/n 43-27784 – 6Q z 486. Dywizjonu podczas bombardowania pozycji niemieckich 25 mil na północny wschód od Werony (Włochy).

III 5050

U.S. ARMY B-25J-2-NC
SERIAL NO. AFF 43-27704
GROW WEIGHT 1500 LBS

SERVICE THIS AIRPLANE WITH
GRADE 100/130 FUEL. IF NOT
AVAILABLE T.O. NO. 06-5-1 WILL BE
CONSULTED FOR EMERGENCY ACTION.

SUITABLE FOR AROMATIC FUEL.

327 751    327 751

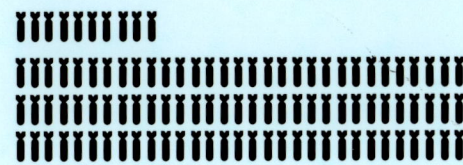

7 A    7 A

327 704    327 704

7 3 7 3

PILOT LT. J.W. YERGER
CREW CHIEF ½Sgt W.C. COURSEN

LT. BOMBARDIER

327 473    327 473

1:32

5050    III III

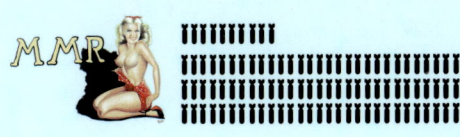

327 751    327 751

PILOT LT. J.W. YERGER
CREW CHIEF ½Sgt W.C. COURSEN

BOMBARDIER

U.S. ARMY B-25J-2-NC
SERIAL NO. AFF 43-27704

SUITABLE FOR AROMATIC FUEL.

7 A 7 A

327 704    327 704

7 3 7 3

1:48

III

U.S. ARMY B-25J-2-NC
SERIAL NO. AFF 43-27704

PILOT LT. J.W. YERGER
CREW CHIEF ½Sgt W.C. COURSEN

327 473    327 473

7 3 7 3   7 A 7 A

5050

327 751    327 751    327 473    327 473    327 704    327 704

1:72

Printed by CARTOGRAF    SMI LIBRARY No.6    B-25 Mitchell over Europe 1:32, 1:48, 1:72    KAGERO®

B-25J-2 "Section 8 Idiots Delight" 43-27505 - 6W, pilot Lt. M.W. Knighton. The bomber belonged to the 486th BS/340th BG. Alesani, Corsica, 1945. During a sortie over the Brenner on February 13, 1945 both engines were hit by the German flak. The pilot (Marshall W. Knighton) attempted to nurse the bomber back across the frontlines, but the situation quickly deteriorated and the entire crew had to bail out. They were all rescued by resistance fighters and sheltered until the end of the war. MACR 12093.

B-25J-2 „Section 8 Idiots Delight" 43-27505 – 6W, pilot Lt. M.W. Knighton. Samolot z 486. Dywizjonu 340. Grupy Bombowej. Alesani, Korsyka, 1945 rok. Podczas misji, 13 lutego 1945 roku nad przełęczą Brenner, samolot został trafiony w oba silniki w wyniku silnego ognia przeciwlotniczego. Pilot (Marshall W. Knighton) próbował dolecieć nad terytorium opanowane przez aliantów, lecz sytuacja się pogorszyła i cała załoga musiała opuścić pokład. Wszyscy zostali uratowani przez partyzantów i przetrzymywani przez nich aż do końca wojny. MACR 12093.

B-25J-2 "The Alice L" s/n 43-27491 – 6X, pilot Capt. D.V. Wheeler. The Mitchell flew with the 486th BS/340th BG. Alesani, Corsica. The aircraft flew its last mission on March 20, 1945 before returning Stateside.

B-25J-2 „The Alice L" s/n 43-27491 – 6X, pilot Capt. D.V. Wheeler. Samolot z 486. Dywizjonu 340. Grupy Bombowej. Alesani, Korsyka. Ostatnią misję samolot odbył 20 marca 1945 roku, po czym powrócił do Stanów.

B-25J-2 "Yankee Doodle Dandy" s/n 43-27670 – 6Y, pilot Lt. G.R. Henthorn. The bomber served with the 486th BS/340th BG. The upper picture shows "Yankee Doodle Dandy" and "Sahara Sue II" - s/n 43-4019 –6A in flight over northern Italy.

B-25J-2 „Yankee Doodle Dandy" s/n 43-27670 – 6Y, pilot Lt. G.R. Henthorn. Samolot z 486. Dywizjonu 340. Grupy Bombowej. Na górnym zdjęciu „Yankee Doodle Dandy" i „Sahara Sue II" – s/n 43-4019 – 6A w locie nad północną częścią Włoch.

B-25J-2 "My Naked Ass!" s/n 43-27704 - 7A. Pilot Lt. W.W Holmes. The ship belonged to the 487th BS/ 340th BG. Alesani, Corsica, 1945.

B-25J-2 „My Naked Ass!" s/n 43-27704 – 7A. Pilot Lt. W.W Holmes. Samolot z 487. Dywizjonu 340. Grupy Bombowej. Alesani, Korsyka, 1945 rok.

B-25J-2 "Bitch-N-Mitch" s/n 43-27541 –7B, pilot Lt. Donovan W. Hurlbut. The aircraft served with the 487th BS/340th BG. Alesani, Corsica, 1945.

B-25J-2 „Bitch-N-Mitch" s/n 43-27541 – 7B, pilot Lt. Donovan W. Hurlbut. Samolot z 487. Dywizjonu 340. Grupy Bombowej. Alesani, Korsyka, 1945 rok.

B-25J-2 nicknamed by the ground crews "Watch Copier" s/n 43-27540 – 7E, pilot Lt. B.O. Lyons. The bomber was assigned to the 487th BS/340th BG. Front sections of the engine nacelles and the propeller hubs are painted blue. Alesani, Corsica, 1945.

B-25J-2 nazwany przez obsługę naziemną „Watch Copier" s/n 43-27540 – 7E, pilot Lt. B.O. Lyons. Samolot z 487. Dywizjonu 340. Grupy Bombowej. Przednie części osłon silników i piasty śmigła w kolorze niebieskim. Alesani, Korsyka, 1945 rok.

B-25J-2 "White Litenin" s/n 43-27570 - 7H, pilot Lt. C.M Cook. The aircraft belonged to the 487th BS/340th BG. Alesani, Corsica, 1945.

B-25J-2 „White Litenin" s/n 43-27570 – 7H, pilot Lt. C.M Cook. Samolot z 487. Dywizjonu 340. Grupy Bombowej. Alesani, Korsyka, 1945 rok.

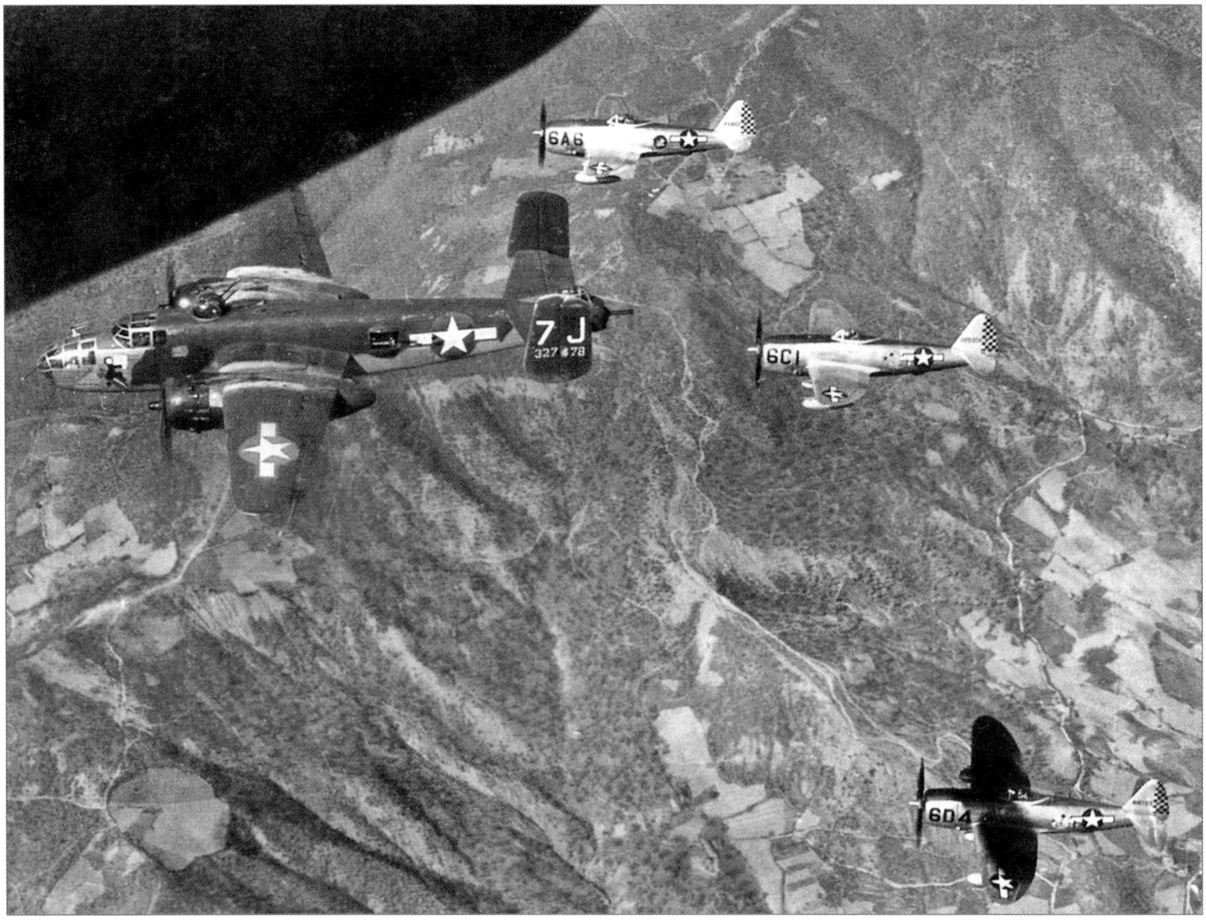
6A6
7J
327478
6C1
6D4

7J
327478

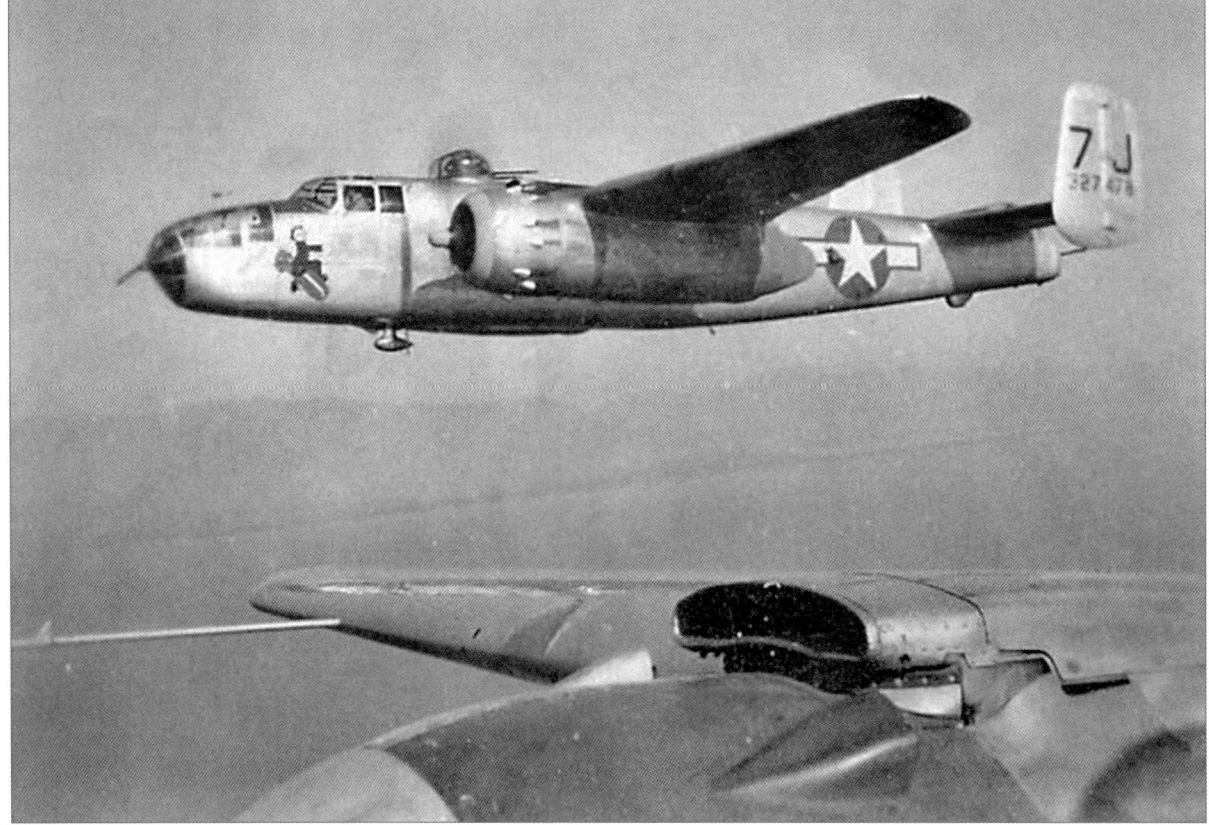

Page 12 i 13 / Strona 12 i 13

B-25J-2 "Yahoudi" s/n 43-27478 – 7J, pilot Lt. R.L. Hill, crew chief Sgt. Albert William Schang. Pictures on the previous page shows "Yahoudi" returning from a combat mission escorted by P-47Ds from the 346th FS/350th FG and the same aircraft prior to application of camouflage on upper surfaces.

B-25J-2 „Yahoudi" s/n 43-27478 – 7J, pilot Lt. R.L. Hill, szef personelu naziemnego (crew chief) Sgt. Albert William Schang. Na zdjęciach z poprzedniej stronie „Yahoudi" wracający z misji nad Rimini w eskorcie P47D z 346. Dywizjonu Myśliwskiego 350. Grupy Myśliwskiej oraz „Yahoudi" przed otrzymaniem kamuflażu na górnych powierzchniach.

B-25J-1 "The Early Bird III" s/n 43-4011 - 7K, pilot Lt. N.H. Byars. The bomber was in service with the 487th BS/340th BG. The ship, shown in the satndard paint scheme, was a veteran of 152 combat missions. Alesani, Corsica,1945.

B-25J-1 „The Early Bird III" s/n 43-4011 – 7K, pilot Lt. N.H. Byars. Samolot z 487. Dywizjonu 340. Grupy Bombowej. Samolot posiada standardowy kamuflaż. Alesani, Korsyka,1945 rok. Maszyna odbyła 152 misje bojowe.

B-25J-1 "Li'l Jasper" s/n 43-4022 – 7L, pilot Lt. S.A. Lovinfosse, crew chief Sgt. J.R. Heinzelman. The aircraft served with the 487th BS/340th BG. Alesani, Corsica. Standard camouflage scheme. During a mission over Trento, Italy on January 20, 1945 the bomber received a direct hit in its starboard engine, which set it on fire. The fire spread quickly and within minutes the entire machine was engulfed in flames. The aircraft dropped its nose and went into a terminal dive. Only two crew members survived and were subsequently captured by the Germans. MACR 11835.

B-25J-1 „Li'l Jasper" s/n 43-4022 – 7L, pilot Lt. S.A. Lovinfosse, szef personelu naziemnego (crew chief) Sgt. J.R. Heinzelman. Samolot z 487. Dywizjonu 340. Grupy Bombowej. Alesani, Korsyka. Maszyna posiada standardowy kamuflaż. 20 stycznia 1945 roku podczas misji nad Trento (Włochy) samolot dostał się w silny ogień przeciwlotniczy i został trafiony w prawy silnik. Chwilę później płomienie objęły cały samolot, który szybko zaczął pikować. Tylko dwóch członków załogi zdołało się uratować, po czym dostało się do niewoli. MACR 11835.

B-25J-1 "Tuff Stuff" s/n 43-4066 - 7M, pilot Lt. J.R. Lange, crew chief Sgt. J.F. Bills. The machine was in service with the 487th BS/340th BG. At some point the aircraft's pilot was Lt. Kazimierz "Charlie" Klujsza, hence the Polish Air Force checkerboard with a black knight chess piece in the middle painted under the bombardier's station. The motif was later used in the official insignia of the 487th BS. Originally the aircraft was named "Tuff Sh*t", but the name was deemd too vulgar and had to be changed. The bomber wears standard camouflage pattern.

B-25J-1 „Tuff Stuff" s/n 43-4066 – 7M, pilot Lt. J.R. Lange, szef personelu naziemnego (crew chief) Sgt. J.F. Bills. Samolot z 487. Dywizjonu 340. Grupy Bombowej. Pilotował go swego czasu także Lt. Kazimierz „Charlie" Klujsza, stąd czerwono-biała szachownica z czarnym koniem pośrodku, wymalowana pod kabiną bombardiera. Emblemat ten stał się później godłem 487. Dywizjonu. Na początku samolot został nazwany „Tuff Sh*t", ale nazwę trzeba było zmienić ze względu na wulgaryzm. Samolot posiada standardowy kamuflaż.

B-25J-2 s/n 43-27633 – 7Q dumping its lethal load over the target. The aircraft flew with the 487th BS/340th BG. Alesani, Corsica.

B-25J-2 s/n 43-27633 – 7Q pozbywa się ładunku bomb nad celem. Samolot z 487. Dywizjonu 340. Grupy Bombowej. Alesani, Korsyka.

B-25J-5 "Supper Unit Ration K" s/n 43-27988 - 7V. The bomber was assigned to the 487th BS/340th BG. Alesani, Corsica, 1945.

B-25J-5 „Supper Unit Ration K" s/n 43-27988 – 7V. Samolot z 487. Dywizjonu 340. Grupy Bombowej. Alesani, Korsyka, 1945 rok.

B-25J "Rum Dum" s/n ? pilot Lt. S. Farnham, crew chief Sgt. P.L. Hofmann. The bomber served with the 487th BS/340th BG, Alesani, Corsica, 1945. The aircraft features standard camouflage. Most likely this particular aircraft was s/n 43-4049 7P.

B-25J „Rum Dum" s/n ? pilot Lt. S. Farnham, szef personelu naziemnego (crew chief) Sgt. P.L. Hofmann. Samolot z 487. Dywizjonu 340. Grupy Bombowej, Alesani, Korsyka, 1945 rok. Samolot w standardowym kamuflażu. Prawdopodobnie maszyna posiadała n/s 43-4049 i numer dywizjonowy 7P.

B-25J-1 "Sky Demon" s/n 43-4039 – 7Y, pilot Lt. H.L. Owen, crew chief Sgt. E.M. Snith. The top photograph shows the crew de-planing after another combat mission. At that time the machine was flown by Lt. David Feltus from Memphis, Tennesee. In addition to standard camouflage the ship featured blue front sections of the engine nacelles and blue propeller hubs. The machine belonged to the 487th BS/340th BG.

B-25J-1 „Sky Demon" s/n 43-4039 – 7Y, pilot Lt. H.L. Owen, szef personelu naziemnego (crew chief) Sgt. E.M. Snith. Na górnym zdjęciu załoga opuszczająca pokład samolotu tuż po wykonanej misji – pilotem był wówczas Lt. David Feltus z Memphis, Tennese. Samolot w standardowym kamuflażu posiada dodatkowo przednie osłony silników i piasty śmigła w kolorze niebieskim. Samolot z 487. Dywizjonu 340. Grupy Bombowej.

B-25J-1 "Shirley Ann" s/n 43-4031 - 7Z, pilot Lt.W.E. McGryffin, crew chief Sgt. G.J. Barankovich. During a mission on October 19, 1944 the co-pilot Robert H. Meek was killed over Magenta near Milan. The aircraft was assigned to the 487th BS/340th BG. The machine sports standard camouflage scheme and blue front sections of the engine necelles.

B-25J-1 „Shirley Ann" s/n 43-4031 – 7Z, pilot Lt.W.E. McGryffin, szef personelu naziemnego (crew chief) Sgt. G.J. Barankovich. W jednej z misji 19 października 1944 roku nad Magenta koło Mediolanu zginął drugi pilot tego samolotu – Robert H. Meek. Samolot z 487. Dywizjonu 340. Grupy Bombowej. Samolot posiada standardowy kamuflaż oraz przednie części osłon silników w kolorze niebieskim.

B-25J-2 s/n 43-27551 – 8H (pilot Lt. W.F. Moeller) from 488th BS/340th BG overflying the Alps. On March 16,1945 the aircraft crashed for unknown reasons into the sea near Alsani killing the entire crew. MACR 14082.

B-25J-2 s/n 43-27551 – 8H (pilot Lt. W.F. Moeller) z 488. Dywizjonu 340. Grupy Bombowej w locie nad Alpami. 16 marca 1945 roku samolot z niewyjaśnionych przyczyn spadł do morza niedaleko Alesani. Cała załoga zginęła. MACR 14082.

B-25J-2 "Old Ironsides III" s/n 43-27474 – 8R, pilot Lt. C.R. Hagerman. The machine was assigned to the 488th BS/340th BG. Alesani, Corsica. Note the partially peeled off squadron badge (clearly a decal applied to the bomber's skin).

B-25J-2 „Old Ironsides III" s/n 43-27474 – 8R, pilot Lt.C.R. Hagerman. Samolot z 488. Dywizjonu 340. Grupy Bombowej. Alesani, Korsyka. Widać częściowo zdarte (z tego wynika, że były to naklejane ozdoby) godło dywizjonu.

B-25J-1 "Lil Critter From the Moon" s/n 43-4064 – 8U, pilot Lt. G. W. Clifford, crew chief S/Sgt Gordon Ainsworth. The bomber served with the 488th BS/340th BG, Alesani, Corsica. Standard camouflage pattern. On January 21, 1945 while returning from a combat mission the aircraft was involved in a mid-air collision with the B-25J n/s 43-27657 8P. The bomber went into an uncontrolled dive and crashed in a fireball into the mountains killing the entire crew. The other aircraft limped back to base and landed with one of its vertical stabilizers torn off. MACR 11712.

B-25J-1 „Lil Critter From the Moon" s/n 43-4064 – 8U, pilot Lt. G. W. Clifford, szef personelu naziemnego (crew chief) S/Sgt Gordon Ainsworth. Samolot z 488. Dywizjonu 340. Grupy Bombowej, Alesani, Korsyka. Maszyna posiadała standardowy kamuflaż. 21 stycznia 1945 roku podczas powrotu z misji samolot uległ kolizji w powietrzu z B-25J o n/s 43-27657 – 8P. Maszyna wpadła w pionowe nurkowanie i eksplodowała uderzając z impetem o skały. Cała załoga zginęła. Drugi bombowiec, z oderwanym jednym usterzeniem pionowym, zdołał dociągnąć do bazy. MACR 11712.

B-25J-2 "Battlin' Betty" s/n 43-27708 8V, pilot Lt. V. Ramirez. The machine was lost during a sortie on March 30, 1945. It belonged to the 488th BS/340th BG. Alesani, Corsica. (MACR 13704).

B-25J-2 „Battlin' Betty" s/n 43-27708 – 8V, pilot Lt. V. Ramirez. Samolot został utracony podczas misji 30 marca 1945 roku (MACR 13704). Maszyna z 488. Dywizjonu 340. Grupy Bombowej. Alesani, Korsyka.

B-25J-2 "Duration Plus" s/n 43-27703 - 8W, pilot Lt. H.C. Smith. The aircraft was in service with the 488th BS/340th BG. Alesani, Corsica.

B-25J-2 „Duration Plus" s/n 43-27703 – 8W, pilot Lt. H.C. Smith. Samolot z 488. Dywizjonu 340. Grupy Bombowej. Alesani, Korsyka.

B-25J-25 s/n 44-30142 - 8Y. The nose-art "Four Girls" was painted by the crew chief – Durley Bratton. The machine flew with the 488th BS/340th BG. Alesani, Corsica.

B-25J-25 s/n 44-30142 – 8Y. Godło (*nose-art*) „Four Girls" namalował szef personelu naziemnego maszyny – Durley Bratton, co widać na zdjęciu . Samolot z 488. Dywizjonu 340. Grupy Bombowej. Alesani, Korsyka.

B-25J-2 "Briefing Time" s/n 43-27638 - 9D, pilot Lt. Bus Taylor, crew chief Sgt. Joe Moore. This machine flew 126 combat missions between May 16, 1944 and April 26, 1945. On several occasions it returned safely to base with major battle damage. It also took part in a mission to sink the Italian cruiser *Taranto*. After it had flown its 126th mission the bomber was fittingly re-named "Quitting Time". The ship belonged to the 489th BS/340th BG. Alesani, Corsica.

B-25J-2 „Briefing Time" s/n 43-27638 – 9D, pilot Lt. Bus Taylor, szef personelu naziemnego (crew chief) Sgt. Joe Moore. Samolot odbył 126 misji od 16 maja 1944 do 26 kwietnia 1945 roku. Kilka razy wrócił z poważnymi uszkodzeniami. Przyczynił się też do zatopienia włoskiego krążownika „Taranto". Po ostatniej, 126. misji, samolot zmienił nazwę na „Quitting Time". Maszyna z 489. Dywizjonu 340. Grupy Bombowej. Alesani, Korsyka.

B-25J-10 "Legal Eagle" s/n 43-35984 – 9B, pilot Lt. L.E. Bulkeley, crew chief Sgt. John H. Cameron. The bomber belonged to the 489th BS/340th BG. Alesani, Corsica.

B-25J-10 „Legal Eagle" s/n 43-35984 – 9B, pilot Lt. L.E. Bulkeley, szef personelu naziemnego (crew chief) Sgt. John H. Cameron. Samolot z 489. Dywizjonu 340. Grupy Bombowej. Alesani, Korsyka.

B-25J-1 "Stella" s/n 43-4058 – 9F, pilot Lt. Fitch G.S, crew chief Sgt. Ashegaard P.G. The bomber flew with the 489th BS/340th BG and wore the squadron badge under the cockpit on the starboard side. Standard camouflage pattern. Alesani, Corsica.

B-25J-1 „Stella" s/n 43-4058 – 9F, pilot Lt. Fitch G.S, szef personelu naziemnego (crew chief) Sgt. Ashegaard P.G. Samolot z 489. Dywizjonu 340. Grupy Bombowej. Alesani, Korsyka. Z prawej strony pod kabiną widniało godło 489. Dywizjonu. Samolot posiada standardowy kamuflaż.

B-25J-1 "Bubbies" s/n 43-4062 - 9G, pilot Lt. B.C. McKinley, crew chief Sgt. J.L. Caffery. The machine was assigned to the 489th BS/340th BG and it wore standard paint scheme. Alesani, Corsica. The bomber was lost on its 71$^{st}$ combat mission when it made a single-engine emergency landing in Switzerland having suffered severe damage over Vipiteno in northern Italy. The crew walked away without a scratch.

B-25J-1 „Bubbies" s/n 43-4062 – 9G, pilot Lt. B.C. McKinley, szef personelu naziemnego (crew chief) Sgt. J.L. Caffery. Samolot z 489. Dywizjonu 340. Grupy Bombowej. Alesani, Korsyka. Samolot w standardowym kamuflażu. Maszyna została utracona na 71. misji – po ciężkich uszkodzeniach odniesionych nad Vipiteno – północne Włochy, na jednym silniku dociągnęła szczęśliwie do Szwajcarii. Cała załoga wyszła z tego bez szwanku.

B-25J-2 "Black Jack" s/n 43-27705 - 9H, pilot Lt. S.B. Gerry, crew chief Sgt. O.S. Estill. "Black Jack" was a veteran of 124 combat sorties. The areas where the OD paint was sprayed onto the airframe are clearly visible in this photo. The aircraft belonged to the 489th BS/340th BG. Alesani, Corsica.

B-25J-2 „Black Jack" s/n 43-27705 – 9H, pilot Lt. S.B. Gerry, szef personelu naziemnego (crew chief) Sgt. O.S. Estill. „Black Jack" odbył 124 misje bojowe. Samolot z 489. Dywizjonu 340. Grupy Bombowej. Alesani, Korsyka. Dobrze widoczne miejsca niedawnego nałożenia (siknięcia) farby oliwkowej.

B-25J-1 "Miss Rabel" s/n 43-4016 – 9J (later re-designated "9V"), pilot Lt. W.F. Reinhold, crew chief Sgt. R.E. Lee. The bomber served with the 489th BS/340th BG. Alesani, Corsica. Standard camouflage pattern.

B-25J-1 „Miss Rabel" s/n 43-4016 – 9J później otrzymał numer „9V", pilot Lt. W.F. Reinhold, szef personelu naziemnego (crew chief) Sgt. R.E. Lee. Samolot z 489. Dywizjonu 340. Grupy Bombowej. Alesani, Korsyka. Maszyna posiadała standardowy kamuflaż.

B-25J-1 "Sweat and Pray" s/n 43-4101 – 9 K, pilot Lt. E.J. Haster, crew chief A.Y. Reams. "Sweat and Pray" flew a record number of 127 combat missions without any damage. The machine also took part in the operation to sink the Italian cruiser *Taranto*. Posing in the bombardier station is the bomber's crew chief Alexander Y. Reams. The aircraft was assigned to the 489th BS/340th BG. Alesani, Corsica. Standard paint scheme.

B-25J-1 „Sweat and Pray" s/n 43-4101 – 9K, pilot Lt. E.J. Haster, szef personelu naziemnego (crew chief) A.Y. Reams. „Sweat and Pray" odbył rekordową liczbę 127 misji bez jakichkolwiek uszkodzeń, w tym przyczynił się do zatopienia krążownika „Taranto". Na zdjęciu szef personelu naziemnego Alexander Y. Reams pozuje w kabinie bombardiera. Samolot z 489. Dywizjonu 340. Grupy Bombowej. Alesani, Korsyka. Maszyna posiada standardowy kamuflaż.

B-25J-2 "Prop – Wash" s/n 43-27517 – 9L, pilot Lt. R.W. Lang, crew chief Sgt. Mike Pankowitz. The aircraft flew with the 489th BS/340th BG. Alesani, Corsica. Nose art of this bomber was designed and painted by a Polish member of the ground personnel named Wszołek. On February 25, 1945 the "Mitchell" flown by James F. Matchette took a direct hit in its nose section while attacking a railroad bridge at Vipiteno (the Brenner Pass). Only three members of the crew managed to bail out safely, including Matchette. MACR 12573.

B-25J-2 „Prop-Wash" s/n 43-27517 – 9L, pilot Lt. R.W. Lang, szef personelu naziemnego (crew chief) Sgt. Mike Pankowitz. Samolot z 489. Dywizjonu 340. Grupy Bombowej. Alesani, Korsyka. *Nose art* tego samolotu wykonał Polak – Wszołek, który był w obsłudze tej maszyny. 25 lutego 1945 roku bombowiec pilotowany przez Jamesa F. Matchette, atakując most kolejowy w Vipiteno (przełęcz Brenner), dostał się w silny ogień przeciwlotniczy i otrzymał bezpośrednie trafienie w przód. Tylko trzech członków załogi zdołało się uratować, w tym pilot Matchette. MACR 12573.

B-25J-2 "Daisy-C" s/n 43-27655 – 9M, pilot Lt. E.H. Roesler, crew chief Sgt. C.B. Thies. The bomber served with the 489th BS/340th BG. Alesani, Corsica. The aircraft's previous name was "Athena". The top photograph shows yellow front sections of the engine nacelles and yellow propeller hubs.

B-25J-2 „Daisy-C" s/n 43-27655 – 9M, pilot Lt. E.H. Roesler, szef personelu naziemnego (crew chief) Sgt. C.B. Thies. Samolot z 489. Dywizjonu 340. Grupy Bombowej. Alesani, Korsyka. Samolot wcześniej posiadał nazwę „Athena". Na górnym zdjęciu widoczne są żółte przednie osłony silników i piasty śmigła.

B-25J-1 "Solid Jackson" s/n 43-40?? - 9Q, pilot Lt. A. Harrison, crew chief Sgt. J. Sansone. "Solid Jackson" returned to the States after it had completed 70 combat missions. It was replaced by a brand new B-25J – 2 NC s/n 43-27752 # 9Q. The aircraft belonged to the 489th BS/340th BG. Alesani, Corsica. Standard camouflage scheme.

B-25J-1 „Solid Jackson" s/n 43-40?? – 9Q, pilot Lt. A. Harrison, szef personelu naziemnego (crew chief) Sgt. J. Sansone. „Solid Jackson" ukończył 70 misji, po czym powrócił do Stanów. Zastąpił go nowy B-25J – 2 NC z n/s 43-27752 # – 9Q. Samolot z 489. Dywizjonu 340. Grupy Bombowej. Alesani, Korsyka. Maszyna posiadała standardowy kamuflaż.

B-25J-2 "Snot Nose" s/n 43-27486th - 9 R, pilot Lt. W.H. Brassfield, crew chief Sgt. E.F. Bedell. The bomber was in service with the 489th BS/340th BG. Alesani, Corsica.

B-25J-2 „Snot Nose" s/n 43-27486 – 9R, pilot Lt. W.H. Brassfield, szef personelu naziemnego (crew chief) Sgt. E.F. Bedell. Samolot z 489. Dywizjonu 340. Grupy Bombowej. Alesani, Korsyka.

B-25J-1 "Knockout" s/n 43-4080 – 9S, pilot Lt. Charlie Clinch/Lt. Jimmie Walker, crew chief Sgt. M.W. Foster. This aircraft belonged to the 489th BS/340th BG and had flown 126 combat missions by the end of the war. Standard camouflage pattern. Alesani, Corsica.

B-25J-1 „Knockout" s/n 43-4080 – 9S, pilot Lt. Charlie Clinch/Lt. Jimmie Walker, szef personelu naziemnego (crew chief) Sgt. M.W. Foster. Samolot z 489. Dywizjonu 340. Grupy Bombowej. Alesani, Korsyka. Maszyna posiada standardowy kamuflaż. Do końca wojny samolot odbył 126 misji bojowych.

B-25J-2 "Mission Completed" s/n 43-27485 - 9T, pilot Lt. F.R. Voos, crew chief Sgt. J.L. Cook. The machine completed 131 combat missions before its return to the States. The photograph shows the aircraft from the 489th BS/340th BG before and after the upper surfaces had been painted OD Green. Alesani, Corsica.

B-25J-2 „Mission Completed" s/n 43-27485 – 9T, pilot Lt. F.R. Voos, szef personelu naziemnego (crew chief) Sgt. J.L. Cook. Samolot odbył 131 misji bojowych i po zakończonej turze przeleciał bez incydentów do Stanów. Na tych zdjęciach widać maszynę przed pomalowaniem górnych powierzchni oliwkową farbą i po pomalowaniu. Samolot z 489. Dywizjonu 340. Grupy Bombowej. Alesani, Korsyka.

B-25J-2 "C-Ration" s/n 43-27694 – 9U, pilot Lt. Rost D. Frazee, crew chief Sgt. Joseph T. Domsic. The machine flew with the 489th BS/340th BG. Alesani, Corsica.

B-25J-2 „C-Ration" s/n 43-27694 – 9U, pilot Lt. Rost D. Frazee, szef personelu naziemnego (crew chief) Sgt. Joseph T. Domsic. Samolot z 489. Dywizjonu 340. Grupy Bombowej. Alesani, Korsyka.

B-25J-2 "That's All Brother" s/n 43-27717 – 9 V over the target area. Pilot J.L. Mitchell, crew chief Sgt. T.J. Sullivan. The aircraft was written off after a landing mishap on return from the 38th combat mission. The "9V" designation was then inherited by the B-25J "Miss Rabel". The bomber flew with the 489th BS/340th BG. Alesani, Corsica.

B-25J-2 „That's All Brother" s/n 43-27717 – 9V nad celem, pilot J.L. Mitchell, szef personelu naziemnego (crew chief) Sgt. T.J. Sullivan. Maszyna skraksowała na lotnisku w Alesani i została spisana ze stanu jednostki po 38. misji. Po tym incydencie numerację 9V przejął samolot B-25J „Miss Rabel". Samolot z 489. Dywizjonu 340. Grupy Bombowej. Alesani, Korsyka.

B-25J-2 "Morning Mission" s/n 43-27659 – 9W, pilot Capt. R.D. MacLellan , crew chief Sgt. F.L. Westbrook. The aircraft was assigned to the 489th BS/340th BG. Alesani, Corsica. Sporting yellow propeller hubs and front sections of the nacelles the bomber had flown an incredible 154 combat sorties.

B-25J-2 „Morning Mission" s/n 43-27659 – 9W, pilot Capt. R.D. MacLellan, szef personelu naziemnego (crew chief) Sgt. F.L. Westbrook. Samolot z 489. Dywizjonu 340. Grupy Bombowej. Alesani, Korsyka. Samolot posiadał żółte piasty śmigła i przednie osłony silników. Maszyna wykonała niewiarygodną – rekordową – ilość 154 misji bojowych.

B-25J-1 "Queen Mary" s/n 43-4000 - 9 X, pilot Lt. W.R. Witty, crew chief Sgt. R.C. Brown. The aircraft featured standard USAAF camouflage pattern of OD Green on upper surfaces and grey on lower surfaces. It belonged to the 489th BS/340th BG. Alesani, Corsica.

B-25J-1 „Queen Mary" s/n 43-4000 – 9X, pilot Lt. W.R. Witty, szef personelu naziemnego (crew chief) Sgt. R.C. Brown. Samolot posiadał standardowy kamuflaż USAAF – oliwkowy na górnych powierzchniach i szary na dolnych. Samolot z 489. Dywizjonu 340. Grupy Bombowej. Alesani, Korsyka.

B-25J-2 "Lady Luck" s/n 43-27544 - 9 Y, pilot Lt. E.J. Perry, crew chief Sgt. J.A. Bradley. On December 10, 1944 the machine returned from a mission on the Brenner riddled with thirty bullet holes. The photograph shows the bomber before and after the camouflage had been applied to the upper surfaces. 489th BS/340th BG. Alesani, Corsica.

B-25J-2 „Lady Luck" s/n 43-27544 – 9Y, pilot Lt. E.J. Perry, szef personelu naziemnego (crew chief) Sgt. J.A. Bradley. Samolot 10 grudnia 1944 roku wrócił z misji nad przełęczą Brenner (Ossenigo) z trzydziestoma dziurami po kulach. Na zdjęciach samolot przed i po otrzymaniu kamuflażu na górnych powierzchniach. 489. Dywizjon 340. Grupy Bombowej. Alesani, Korsyka.

B-25J-2 "Comin Over Hun" s/n 43-27667 - 9 Z , pilot Lt. G.R.Crittenden, crew chief Sgt. C.T. Benjamin. Later on the aircraft received OD Green camouflage on its upper surfaces. 489th BS/340th BG. Alesani, Corsica.

B-25J-2 „Comin Over Hun" s/n 43-27667 – 9Z, pilot Lt. G.R.Crittenden, szef personelu naziemnego (crew chief) Sgt. C.T. Benjamin. Samolot później pomalowano na górnych powierzchniach farbą Olive Drab. Samolot z 489. Dywizjonu 340. Grupy Bombowej. Alesani, Korsyka.

## 321st BG

Initially the aircraft in service with the 321st BG wore Roman numerals as squadron designators painted in white on vertical stabilizers: I for the 445th BS, II for 446th BS, III for 447th BS and IV for 448th BS. Additionally all 321st BG ships featured red bands on the tips of their vertical stabilizers. In mid-December 1944 the Roman numeral system was replaced with the two-digit squadron designators: 00 – 24 range went to the 445th BS, 25 – 49 designated 446th BS, 50 – 74 was allocated to the 447th BS and numbers 75 – 99 indicated aircraft assigned to the 448th BS. All battle numbers were painted white. Similarly to the bombers in service with the 340th BG the machines assigned to the 321st BG were also camouflaged with green paint applied to the bare metal finish of the upper surfaces. Additional squadron identification markings in the form of small geometric shapes were applied in khaki under the cockpit windows: the aircraft from the 445th BS sported a square, 446th BS was identified by a rectangle and 447th BS machines featured a "blot". There is no clear indication what markings were used in the 448th BS.

## 321. Grupa Bombowa

Początkowo 321. Grupa oznaczała swe poszczególne dywizjony rzymskimi cyframi w kolorze białym na statecznikach pionowych. 445. Dywizjon znaczono cyfrą I, 446. Dywizjon – II, 447. Dywizjon – III, a 448. Dywizjon – IV. Dodatkowo, wszystkie samoloty 321. Grupy miały końcówki górnych stateczników pionowych w kolorze czerwonym. W połowie grudnia 1944 roku zastąpiono rzymskie oznaczenia na dwucyfrową numerację, i tak; 445. otrzymał numery w przedziale 00–24, 446. otrzymał numery 25–49, 447. przyporządkowano numery 50–74, a 448. posiadał oznaczenia w przedziale 75–99. Numery malowano białą farbą. Tak jak samoloty z 340. Grupy, te z 321. otrzymały na górnych powierzchniach kamuflaż naniesiony na goły metal. Dodatkowym elementem identyfikującym poszczególne dywizjony były geometryczne małe znaczki malowane pod kabiną na ogół kolorem khaki. 445. Dywizjon miał kwadrat, 446. prostokąt, 447. „kleks", co do 448. brak sprecyzowanych informacji.

B-25J-2 "Peggy Lou" s/n 43-27698 - nr 13, pilot Lt. Malvin S. Rygh, crew chief Sgt. F.H. Lawrence. The picture shows the bomber on March 10, 1945 immediately after bomb release over the Brenner Pass near Star di Ceraino, 15 miles north-west of Verona. "Peggy Lou" flew a total of 129 combat missions. Note the two-digit squadron designation replacing the former Roman "I" on the vertical fins. The other aircraft is 04 s/n 43-36227. Both machines were in service with the 445th BS/321st BG.

B-25J-2 „Peggy Lou" s/n 43-27698 – nr 13, pilot Lt. Malvin S. Rygh, szef personelu naziemnego (crew chief) Sgt. F.H. Lawrence tuż po zrzucie bomb nad przełęczą Brenner koło Star di Ceraino, 15 mil na północny zachód od Werony, 10 marca 1945 roku. „Peggy Lou" odbył 129 misji. Na zdjęciu samolot posiada już dwucyfrową numerację; wcześniej miał na statecznikach rzymskie I. Drugi samolot, z nr. 04, posiada s/n 43-36227. Oba samoloty z 445. Dywizjonu 321. Grupy Bombowej.

B-25J-5 "Flo" s/n 43-27899 – nr 08, pilot Capt. M. W. Poteete, crew chief Sgt. Westbrook V. The bomber belonged to the 445th BS/321st BG based at Solenzara, Corsica.

B-25J-5 „Flo" s/n 43-27899 – nr 08, pilot Capt. M. W. Poteete, szef personelu naziemnego (crew chief) Sgt. Westbrook V. Samolot z 445. Dywizjonu 321. Grupy Bombowej bazującego w Solenzara, Korsyka.

B-25J-2 "Cuddle Bunny " s/n 43-27792 , pilot Lt. John.S. Richardson, crew chief Sgt. R.E. Light. The aircraft belonged to the 445th BS/321st BG based at Solenzara, Corsica. While on a ground support mission near Rimini on August 18, 1944 the bomber took several direct hits from German flak. The pilot nursed the wounded ship out over the open sea where all but one crew members bailed out. They were later captured by the Germans. MACR 8779.

B-25J-2 „Cuddle Bunny" s/n 43-27792 , pilot Lt. John.S. Richardson, szef personelu naziemnego (crew chief) Sgt. R.E. Light. Samolot z 445. Dywizjonu 321. Grupy Bombowej bazującego w Solenzara, Korsyka. 18 sierpnia 1944 roku samolot udzielał wsparcia dla wojsk lądowych koło Rimini (Włochy) i dostał się pod silny ogień przeciwlotniczy – otrzymał kilka bezpośrednich trafień. Pilot skierował samolot nad otwarte morze i cała załoga (prócz jednego) wyskoczyła z maszyny, po czym została pojmana przez wroga. MACR 8779.

B-25J-2 s/n 43-27534 – nr 11, pilot Lt. Donald M Hadsell, crew chief Sgt. C. S. Berman. The machine belonged to the 445th BS/321st BG based at Solenzara, Corsica.

B-25J-2 s/n 43-27534 – nr 11, pilot Lt. Donald M Hadsell, szef personelu naziemnego (crew chief) Sgt. C. S. Berman. Samolot z 445. Dywizjonu 321. Grupy Bombowej bazującego w Solenzara, Korsyka.

B-25J-2 "Blonde Beauty" s/n 43-27714 – nr 16, pilot Lt. R.J. Takacs, crew chief Sgt. E.W. Pino. 445th BS/321st BG at Solenzara, Corsica.

B-25J-2 „Blonde Beauty" s/n 43-27714 – nr 16, pilot Lt. R.J. Takacs, szef personelu naziemnego (crew chief) Sgt. E.W. Pino. Samolot z 445. Dywizjonu 321. Grupy Bombowej bazującego w Solenzara, Korsyka.

B-25J-2 "Babs" s/n 43-27572 – nr 12, pilot Lt. W.H. Gunder, crew chief Sgt. W.H. Shattuck. The bomber served with the 445th BS 321st BG at Solenzara, Corsica.

B-25J-2 „Babs" s/n 43-27572 – nr 12, pilot Lt. W.H. Gunder, szef personelu naziemnego (crew chief) Sgt. W.H. Shattuck. Samolot z 445. Dywizjonu 321. Grupy Bombowej bazującego w Solenzara, Korsyka.

B-25J-2 "What's Cookin ?" s/n 43-27502 – nr 10, pilot Lt. R.L. Hammar, crew chief Sgt. T.R. Griffies. The aircraft was assigned to the 445th BS/321st BG stationed at Solenzara, Corsica. The "Mitchell" was previously known as "Pretty Kitty Blue Eyes" which can be seen in the photograph.

B-25J-2 „What's Cookin?" s/n 43-27502 – nr 10, pilot Lt. R.L. Hammar, szef personelu naziemnego (crew chief) Sgt. T.R. Griffies. Samolot z 445. Dywizjonu 321. Grupy Bombowej bazującego w Solenzara, Korsyka. Wcześniej samolot nosił nazwę „Pretty Kitty Blue Eyes", co widać na zdjęciu.

B-25J-2 "Shit-House Mouse" s/n 43-27716 – nr 17, pilot Lt. R.S. Emler, crew chief Sgt. Sidney "Lefty" Lestz. 445th BS 321st BG at Solenzara, Corsica. Note the unique mission markings on this bomber in the form of mouse silhouettes.

B-25J-2 „Shit-House Mouse" s/n 43-27716 – nr 17, pilot Lt. R.S. Emler, szef personelu naziemnego (crew chief) Sgt. Sidney „Lefty" Lestz. Samolot z 445. Dywizjonu 321. Grupy Bombowej bazującego w Solenzara, Korsyka. Zwraca uwagę, odmienne niż na pozostałych samolotach, oznaczanie odbytych misji bojowych za pomocą sylwetek myszy.

"Mitchells" in flight over northern Italy. The B-25J-2 s/n 43-27678 is "Lemmon Lu" from the 446th BS (Roman II).The other aircraft is s/n 43-27636 from the 447th BS (Roman III). The latter was subsequently re-designated "74".

„Mitchelle" nad północnymi Włochami. Samolot B-25J-2 z n/s 43-27678 to „Lemmon Lu" z 446. Dywizjonu (rzymskie II). Drugi samolot z n/s 43-27636 pochodził z 447. Dywizjonu (III) – samolot otrzymał później numer 74.

B-25J-2 "Lemmon Lu" s/n 43-27678 – nr 40 (previously Roman II), pilot Lt. Dickson, crew chief Sgt. Toper. 446th BS/321st BG, Solenzara, Corsica.z 446.

B-25J-2 „Lemmon Lu" s/n 43-27678 – nr 40 (wcześniej II), pilot Lt. Dickson, szef personelu naziemnego (crew chief) Sgt. Toper. Samolot z 446. Dywizjonu 321. Grupy Bombowej. Solenzara, Korsyka.

B-25J-2 "Shooting Bull" s/n 43-27660 – nr 30, pilot Lt. J Pearlman, crew chief Sgt. Ed J Travis. The aircraft belonged to the 446th BS/321st BG. Solenzara, Corsica.

B-25J-2 „Shooting Bull" n/s 43-27660 – nr 30, pilot Lt. J Pearlman, szef personelu naziemnego (crew chief) Sgt. Ed J Travis. Samolot z 446. Dywizjonu 321. Grupy Bombowej. Solenzara, Korsyka.

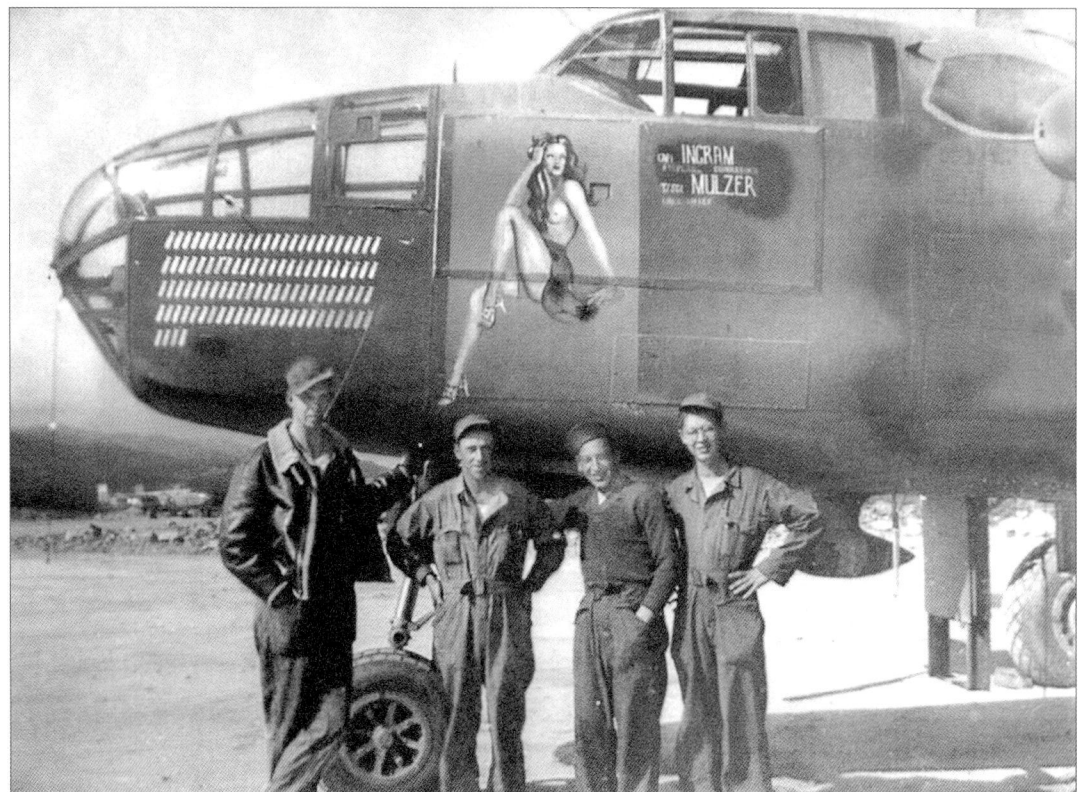

B-25J-1 (apparently did not receive the name until May 20, 1944) s/n 43-4074 – nr 27, pilot Lt. W.T. Ingram, crew chief Sgt. E.C. Mulzer. Standard camouflage scheme. On April 25, 1945 the bomber was flown by Roland B. Jackson on a bombing mission against a bridge across the Cavarzere, Italy. The aircraft encountered heavy flak over the target area and took several direct hits. Three of the crew bailed out, while the remaining three stayed with the aircraft and attempted to nurse the stricken ship to the nearest divert field. The bomber landed safely, but exploded in a huge fireball just minutes after the crew had deplaned. The machine belonged to the 446th BS/321st BG. Solenzara, Corsica.

B-25J-1 (20 maja 1944 roku samolot otrzymał podobno nazwę własną) s/n 43-4074 – nr 27, pilot Lt. W.T. Ingram, szef personelu naziemnego (crew chief) Sgt. E.C. Mulzer. Maszyna posiada standardowy kamuflaż. 25 kwietnia 1945 roku podczas misji bombardowania mostu w Cavarzere (Włochy) (pilotował wówczas Roland B. Jackson) samolot dostał się pod silny ostrzał i otrzymał kilka bezpośrednich trafień. Trzech członków załogi wyskoczyło, pozostali trzej zostali w samolocie próbując lądować awaryjnie w najbliższej bazie. Udało się posadzić maszynę na pasie i krótko po tym jak reszta załogi z mniejszymi obrażeniami opuściła pokład, samolot eksplodował. Samolot z 446. Dywizjonu 321. Grupy Bombowej. Solenzara, Korsyka.

B-25J-2 "Spider's Frolic Pad" s/n 43-27747 – nr 42, pilot Lt. Fontaine, crew chief Sgt. Sitko. The aircraft belonged to the 446th BS/321st BG. Solenzara, Corsica. The bomber was lost on a mission over the Brenner Pass on March 21, 1945. Two crew members were killed in action (pilot Herman E. Everhart and co-pilot Charles R. Callaway). The other crew bailed out safely and made their way to Switzerland were they were interned, but later returned to their unit. MACR 13203.

B-25J-2 „Spider's Frolic Pad" s/n 43-27747 – nr 42, pilot Lt. Fontaine, szef personelu naziemnego (crew chief) Sgt. Sitko. Samolot z 446. Dywizjonu 321. Grupy Bombowej. Solenzara, Korsyka. Samolot został utracony podczas misji nad przełęczą Brenner 21 marca 1945 roku. Dwóch członków załogi zginęło (pilot Herman E. Everhart i drugi pilot Charles R. Callaway). Pozostali dostali się do Szwajcarii, gdzie zostali internowani i powrócili później do jednostki. MACR 13203.

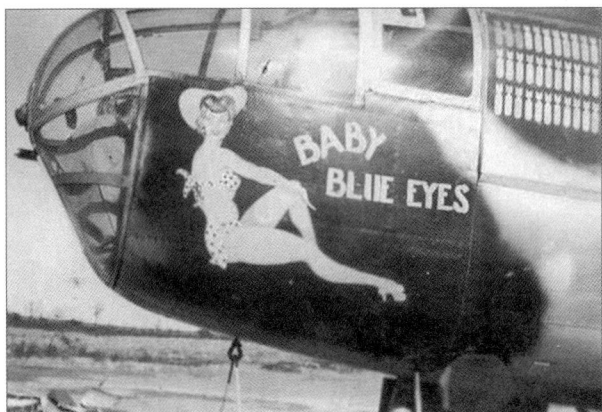

B-25J-2 "Baby Blue Eyes" s/n 43-27696 – nr 41, pilot Capt. Hawkes, crew chief Sgt. Aken. The machine belonged to the 446th BS/321st BG. Solenzara, Corsica. The photograph in the lower right shows Capt. Hawkes posing in the cockpit.

B-25J-2 „Baby Blue Eyes" s/n 43-27696 – nr 41, pilot Capt. Hawkes, szef personelu naziemnego (crew chief) Sgt. Aken. Samolot z 446. Dywizjonu 321. Grupy Bombowej. Solenzara, Korsyka. Na dolnym prawym zdjęciu Capt. Hawkes pozuje w kabinie.

B-25J-1 "Darlene" s/n 43-4097 – nr 28, pilot Lt. Jack E. Cressman , crew chief Sgt. Orval W. McCann. 446th BS/321st BG. Solenzara, Corsica. The bomber was previously known as "Tiny" and flown by Lt John D. Doyle in late 1944 – early 1945. When Doyle was transferred to HQ 57 on January 13, 1945 the machine was taken over by Lt. Jack E. Cressman who re-named it "Darlene". The aircraft wore standard camouflage scheme.

B-25J-1 „Darlene" s/n 43-4097 – nr 28, pilot Lt. Jack E. Cressman, szef personelu naziemnego (crew chief) Sgt. Orval W. McCann. Samolot z 446. Dywizjonu 321. Grupy Bombowej. Solenzara, Korsyka. Wcześniej maszyna nosiła nazwę „Tiny" i na przełomie końca roku 1944 i początku 1945 pilotowana była przez Lt. Johna D. Doyle'a. Gdy Doyle 13 stycznia 1945 został przeniesiony do HQ 57, samolot przejął Lt. Jack E. Cressman i nadał mu nazwę „Darlene". Maszyna posiada standardowy kamuflaż.

B-25J-5 "Haulin' Ass" s/n 43-27895 , pilot Lt. Frederic C. Ritger, crew chief Sgt. Rocky Milano. The bomber served with the 446th BS/321st BG. Solenzara, Corsica. Note the blister gun packs still in place, a rarity on the "Mitchells" serving in Europe. On December 10, 1944 the aircraft sustained severe damage from accurate flak fire while on a bombing mission against barracks near Bologna. Some of the crew died while trying to bail out of the bomber, others were captured by the Germans. Only the pilot, Frederic Ritger managed to evade capture and with the help of local resistance fighters returned to his unit on December 22.. MACR 10385.

B-25J-5 „Haulin' Ass" s/n 43-27895, pilot Lt. Frederic C. Ritger, szef personelu naziemnego (crew chief) Sgt. Rocky Milano. Samolot z 446. Dywizjonu 321. Grupy Bombowej. Solenzara, Korsyka. Zwracają uwagę zachowane karabiny maszynowe po bokach. 10 grudnia 1944 roku, podczas nalotu na koszary w Bolonii (Włochy), samolot został uszkodzony nad celem przez ogień przeciwlotniczy. Cała załoga wyskoczyła z samolotu. Część zginęła, a część została schwytana przez Niemców. Pilot Frederic Ritger zdołał jednak umknąć dzięki pomocy partyzantów i 22 grudnia 1944 roku powrócił do jednostki. MACR 10385.

B-25J-10 "Hauling Ass II" s/n 43-36224 – nr 34, pilot Lt. Paul L. Heaberlin, crew chief Sgt. Samuel T. Mote . The bomber was assigned to the 446th BS/321st BG. Solenzara, Corsica.

B-25J-10 „Hauling Ass II" s/n 43-36224 – nr 34, pilot Lt. Paul L. Heaberlin, szef personelu naziemnego (crew chief) Sgt. Samuel T. Mote. Samolot z 446. Dywizjonu 321. Grupy Bombowej. Solenzara, Korsyka.

B-25J-2 "Mrs. C" s/n 43-27490 – nr 45, pilot Capt. Lowell A. Carlson, crew chief Sgt. C.N. Besha. 446th BS/321st BG, Solenzara, Corsica. The right picture shows the bomber in flight with "Darlene" in the background.

B-25J-2 „Mrs. C" s/n 43-27490 – nr 45, pilot Capt. Lowell A. Carlson, szef personelu naziemnego (crew chief) Sgt. C.N. Besha. Samolot z 446. Dywizjonu 321. Grupy Bombowej. Solenzara, Korsyka. Na prawym zdjęciu w locie na drugim planie widać samolot „Darlene".

B-25J-1 "Lil Butch" s/n 43-4052 , pilot Lt. John Fitzgerald, later Lt. Ivankovig, crew chief Sgt. Rocky Milano . 446th BS/321st BG, Solen-zara, Corsica. On October 11, 1944 the bomber took a heavy beating over the target area (a bridge near Torreberretti, Italy) forcing the crew to ditch in the sea. Most of the crew members were rescued. On the ill-fated mission the bomber was flown by Lt. Frederick I. Peterson. The aircraft wore standard camouflage scheme. MACR 9583.

B-25J-1 „Lil Butch" s/n 43-4052, pilot Lt. John Fitzgerald, później Lt. Ivankovig, szef personelu naziemnego (crew chief) Sgt. Rocky Milano. Samolot z 446. Dywizjonu 321. Grupy Bombowej. Solenzara, Korsyka. 11 października 1944 roku samolot został poważnie uszkodzony nad celem (most koło Torreberretti – Włochy) i wodował na morzu. Większość załogi została uratowana. Maszynę pilotował wówczas Lt. Frederick I. Peterson. MACR 9583. Samolot posiada standartowy kamuflaż.

B-25J-2 "Boots" s/n 43-27477 – nr 32, pilot Lt. Fisher Carl, crew chief Sgt. Curtis. The aircraft was assigned to the 446th BS/321st BG. Solenzara, Corsica.

B-25J-2 „Boots" s/n 43-27477 – nr 32, pilot Lt. Fisher Carl, szef personelu naziemnego (crew chief) Sgt. Curtis. Samolot z 446. Dywizjonu 321. Grupy Bombowej. Solenzara, Korsyka.

B-25J-2 "Princess" s/n 43-27496 – nr 38, pilot Capt. Burandt, crew chief Sgt. Mills. 446th BS/321st BG, Solenzara, Corsica. Previously this aircraft was named "Princess Paola II". The ship was involved in a crash landing at Florence following a mission on February 8, 1945 against railroad installations near Calliano, Italy. The crew was unhurt in the incident. The machine was later replaced by "Verla" (s/n 44-30069).

B-25J-2 „Princess" s/n 43-27496 – nr 38, pilot Capt. Burandt, szef personelu naziemnego (crew chief) Sgt. Mills. Samolot z 446. Dywizjonu 321. Grupy Bombowej. Solenzara, Korsyka. Wcześniej samolot nosił nazwę „Princess Paola II". Lądował awaryjnie we Florencji po misji 8 lutego 1945 roku, której celem był most i linie kolejowe koło Calliano (Włochy). Cała załoga wyszła z tego bez szwanku. Zastąpiony nowym bombowcem o nazwie „Verla" (n/s 44-30069).

B-25J-2 "Sweet Sue" s/n 43-27501 – nr 39, pilot Lt. Col. P.T. Cooper, crew chief Sgt. A.J. Mancuso. The aircraft was in service with the 446th BS/321st BG. Falconara, Italy, January 1945. In January 1945 the name "Kathy Jeanne" was added to the nose. The inscription under the cockpit window suggests the aircraft was scheduled to return Stateside after the completion of 150 combat missions.

B-25J-2 „Sweet Sue" s/n 43-27501 – nr 39, pilot Lt. Col. P.T. Cooper, szef personelu naziemnego (crew chief) Sgt. A.J. Mancuso. Samolot z 446. Dywizjonu 321. Grupy Bombowej. Falconara, Włochy, styczeń 1945 roku. W tym czasie na samolocie dodano nazwę „Kathy Jeanne". Maszyna po 150. wykonanej misji miała powrócić do Stanów, na co wskazuje napis wymalowany na boku pod kabiną.

B-25J-2 "Jessie" s/n 43-27699 – nr 33, pilot Lt. Stanley Pietrowski, crew chief Sgt. Leonard "Lenny" Ruczyński. 446th BS/321st BG, Solenzara, Corsica. This machine seems to have been a favorite among the pilots with Polish roots. At some point it was flown by Lt. Stanley Woźniak and Lt. Walter Wójcik.

B-25J-2 „Jessie" s/n 43-27699 – nr 33, pilot Lt. Stanley Pietrowski, szef personelu naziemnego (crew chief) Sgt. Leonard „Lenny" Ruczyński. Samolot z 446. Dywizjonu 321. Grupy Bombowej. Solenzara, Korsyka. Piloci polskiego pochodzenia upatrzyli sobie tę maszynę, bowiem pilotował ją swego czasu Lt. Stanley Woźniak, a także Lt. Walter Wójcik.

B-25J-2 "Yankee Girl" s/n 43-27480 – nr 44, pilot Lt. Ramsay, crew chief Sgt. Vaught. The bomber served with the 446th BS/321st BG. Solenzara, Corsica.

B-25J-2 „Yankee Girl" s/n 43-27480 – nr 44, pilot Lt. Ramsay, szef personelu naziemnego (crew chief) Sgt. Vaught. Samolot z 446. Dywizjonu 321. Grupy Bombowej. Solenzara, Korsyka.

B-25J-1 "Stormy Weather" s/n 43-4077 – nr 43, pilot Lt. DiNorma S. Joseph. 446th BS/321st BG, Solenzara, Corsica. The ship was transferred from the 447th BS where it had flown as "Ann's Little Boy Val". The bomber wears standard paint scheme.

B-25J-1 „Stormy Weather" s/n 43-4077 – nr 43, pilot Lt. DiNorma S. Joseph. Samolot z 446. Dywizjonu 321. Grupy Bombowej. Solenzara, Korsyka. Samolot został przeniesiony z 447. Dywizjonu, gdzie nosił wcześniej nazwę „Ann's Little Boy Val". Maszyna posiada standardowy kamuflaż.

▲
Unnamed B-25J-2 s/n 43-27663 from the 446th BS which crashed on take-off from Solenzara on May 28, 1944. The bomber was flown by Paul T. Cooper.

B-25J-2 bez nazwy s/n 43-27663 z 446. Dywizjonu, który skraksował podczas startu na lotnisku Solenzara 28 maja 1944 roku. Pilotował go wówczas Paul T. Cooper.

◀ B-25J-2 "Paper Doll" s/n 43-27473 - nr 73, pilot Lt. J.W. Yerger, crew chief Sgt. W.C. Coursen. The bomber flew with the 447th BS/321st BG. Solenzara, Corsica.

B-25J-2 „Paper Doll" s/n 43-27473 – nr 73, pilot Lt. J.W. Yerger, szef personelu naziemnego (crew chief) Sgt. W.C. Coursen. Samolot z 447. Dywizjonu 321. Grupy Bombowej. Solenzara, Korsyka.

B-25J-2 "Superstitious Al-o-ysius" s/n 43-27542 – nr ?, pilot Lt. Edward Krafka (Polish origin), crew chief Sgt. R.E. Bruns. 447th BS/321st BG. Solenzara, Corsica.

B-25J-2 „Superstitious Al-o-ysius" s/n 43-27542 – nr ?, pilot (Polak) Lt. Edward Krafka, szef personelu naziemnego (crew chief) Sgt. R.E. Bruns. Samolot z 447. Dywizjonu 321. Grupy Bombowej. Solenzara, Korsyka.

B-25J-1 "Ruptured Duck" 43-4069 – nr ?, pilot Lt. M.R. Bastin, crew chief Sgt. C.B. Paynter. One of Bastin's crew members was Polish – gunner Sgt. Jan "John" Jaskowski (standing under the propeller blade in the picture on the right). The aircraft belonged to the 447th BS/321st BG and wore standard paint scheme. Solenzara, Corsica.

B-25J-1 „Ruptured Duck" 43-4069 – nr ?, pilot Lt. M.R. Bastin, szef personelu naziemnego (crew chief) Sgt. C.B. Paynter. W załodze Bastina był Polak – strzelec sierżant Jan „John" Jaskowski (na zdjęciu po prawej pod łopatą śmigła). Samolot z 447. Dywizjonu 321. Grupy Bombowej. Solenzara, Korsyka. Maszyna posiadała standardowy kamuflaż.

B-25J-2 "Katie" s/n 43-27730 – nr ?, pilot Lt. Forrest Nettles. The bomber was assigned to the 447th BS/321st BG. Solenzara, Corsica. On February 6, 1945 the aircraft was shot down while attacking a railroad line near Rovereto (the Brenner Pass). Those of the crew who were lucky to survive the direct hit of a German flak shell were captured. MACR 12131.

B-25J-2 „Katie" s/n 43-27730 – nr ?, pilot Lt. Forrest Nettles. Samolot z 447. Dywizjonu 321. Grupy Bombowej. Solenzara, Korsyka. 6 lutego 1945 roku, podczas bombardowania linii kolejowej koło Rovereto (Brenner) przy granicy z Austrią, samolot został zestrzelony przez bezpośrednie trafienie pociskiem z baterii plot. Ci z załogi, którzy przeżyli, zostali pojmani przez wroga. MACR 12131.

B-25J-2 "Lovely Lady" s/n 43-27476, pilot Lt. Le Roy Alger, crew chief Sgt. Wm Koen. 447th BS/321st BG. Solenzara, Corsica. The bottom picture shows the bomber's previous name – "Sho Sho Baby". Lt. Christian B. Calvin flew the aircraft on July 25, 1944 when it crashed on landing at Solenzara.

B-25J-2 „Lovely Lady" s/n 43-27476, pilot Lt. Le Roy Alger, szef personelu naziemnego (crew chief) Sgt. Wm Koen. Samolot z 447. Dywizjonu 321. Grupy Bombowej. Solenzara, Korsyka. Wcześniej samolot nosił nazwę „Sho Sho Baby", co widać na dolnym zdjęciu. 25 lipca 1944 roku maszyna skraksowała na lotnisku Solenzara. Samolot pilotował wówczas Lt. Christian B. Calvin.

B-25J-2 "Rebel Devil " s/n 43-27506 – nr ?, pilot Lt. E.C. Rice, crew chief H.C. Niemann. The machine flew with the 447th BS/321st BG. Solenzara, Corsica. Picture on the right shows E.C. Rice posing in the cockpit of "Rebel Devil".

B-25J-2 „Rebel Devil" s/n 43-27506 – nr ?, pilot Lt. E.C. Rice, szef personelu naziemnego (crew chief) H.C. Niemann. Samolot z 447. Dywizjonu 321. Grupy Bombowej. Solenzara, Korsyka. Na prawym zdjęciu pilot E.C. Rice pozuje w kabinie „Rebel Devil".

B-25J-1 "Cover Girl" s/n 43-4060 – nr ?, pilot Lt. Christian Calvin, crew chief Sgt. Jack Bowman. The aircraft was in service with the 447th BS/321st BG. Solenzara, Corsica. The lower left picture shows Jack Bowman posing by the bomber's nose art. Bowman's creation was inspired by a "Yank" magazine cover. The machine wears standard paint scheme.

B-25J-1 „Cover Girl" s/n 43-4060 – nr ?, pilot Lt. Christian Calvin, szef personelu naziemnego (crew chief) Sgt. Jack Bowman. Samolot z 447. Dywizjonu 321. Grupy Bombowej. Solenzara, Korsyka. Na dolnym lewym zdjęciu Jack Bowman stoi przed *nose art* samolotu, który wykonał wzorując się okładką czasopisma „Yank". Samolot posiada standardowy kamuflaż.

B-25J-1 "Cherry Fizz" s/n 43-4037 from the 448th BS (Roman IV, later replaced by 78). Pilot Lt. Leo W. Amo, crew chief Sgt. Donald A. Sampson. Note the cherry symbols under the cockpit, a rather unusual choice for mission markings. The bomber wore standard camouflage scheme and featured red propeller hubs typical for aircraft serving with the 448th BS.

B-25J-1 „Cherry Fizz" s/n 43-4037 z 448. Dywizjonu (rzymskie IV). Samolot otrzymał później nr 78, pilot Lt. Leo W. Amo, szef personelu naziemnego (crew chief) Sgt. Donald A. Sampson. Samolot ma pod kabiną symbole wisienek – odbiegające od standardowego oznaczania odbytych misji bojowych. Maszyna posiada standardowy kamuflaż. Piasty śmigieł w kolorze czerwonym, jak wszystkie samoloty z 448. Dywizjonu.

B-25J-2 "Sweetie" s/n 43-27648 - nr 75, pilot Lt. A.A. 'Bud' West (posing in the cockpit), crew chief Sgt. Leslie Rocole. The aircraft was in service with the 448th BS/321st BG based at Solenzara, Corsica and featured red propeller hubs.

B-25J-2 „Sweetie" s/n 43-27648 – nr 75, pilot Lt. A.A. 'Bud' West, który pozuje w kabinie na zdjęciu, szef personelu naziemnego (crew chief) Sgt. Leslie Rocole. Samolot z 448. Dywizjonu 321. Grupy Bombowej. Solenzara, Korsyka. Samolot posiada czerwone piasty śmigła.

B-25J-1 "The Big Swing" s/n 43-4067 - nr 76, pilot Lt. Charles E. Howard, crew chief Sgt. H.L. Bernsteen. 448th BS/321st BG. Solenzara, Corsica. The bomber sported standard USAAF camouflage scheme. On February 8, 1945 the machine failed to return to base from a combat mission. Pilot 2Lt. Sheffield W. Woodrow and his crew survived and having been briefly interned in Switzerland returned to their unit.

B-25J-1 „The Big Swing" s/n 43-4067 – nr 76, pilot Lt. Charles E. Howard, szef personelu naziemnego (crew chief) Sgt. H.L. Bernsteen. Samolot z 448. Dywizjonu 321. Grupy Bombowej. Solenzara, Korsyka. Samolot w standardowym kamuflażu. 8 lutego 1945 roku maszyna nie powróciła z misji. Pilotował ją wówczas 2Lt. Sheffield W. Woodrow. Załoga uratowała się i została internowana w Szwajcarii, po czym powróciła do jednostki.

B-25J-2 "Twin Engine Sadie" s/n 43-27530 - nr 79, pilot Lt. W.F. Autrey, crew chief Sgt. J.H. Benchowski (Jan Benchowski). The bomber belonged to the 448th BS/321st BG. Solenzara, Corsica.

B-25J-2 „Twin Engine Sadie" s/n 43-27530 – nr 79, pilot Lt. W.F. Autrey, szef personelu naziemnego (crew chief) Sgt. J.H. Benchowski (Jan Benchowski). Samolot z 448. Dywizjonu 321. Grupy Bombowej. Solenzara, Korsyka.

B-25J-2 "Silver Belle" s/n 43-27706 - nr 89, pilot Lt. Rogers Harry. The aircraft was assigned to the 448th BS/321st BG. Solenzara, Corsica.

B-25J-2 „Silver Belle" s/n 43-27706 – nr 89, pilot Lt. Rogers Harry. Samolot z 448. Dywizjonu 321. Grupy Bombowej. Solenzara, Korsyka.

B-25J-1 "Dutchess" s/n 43-4068 - nr ?, pilot Lt. Frank L. Lansdorf, crew chief T/Sgt. Charles H. Lewis . The bomber featured standard paint scheme and belonged to the 448th BS/321st BG. Solenzara, Corsica.

B-25J-1 „Dutchess" s/n 43-4068 – nr ?, pilot Lt. Frank L. Lansdorf, szef personelu naziemnego (crew chief) T/Sgt. Charles H. Lewis. Samolot z 448. Dywizjonu 321. Grupy Bombowej. Solenzara, Korsyka. Maszyna posiada standardowy kamuflaż.

◄ B-25J-15 "Shug" s/n 44-28721 – nr 90, pilot Lt. J. M. Wilson (posing in the picture), crew chief Sgt. C.W. Luedllie. The front sections of the machine's nacelles were most likely painted red. 448th BS/321st BG. Solenzara, Corsica.

B-25J-15 „Shug" s/n 44-28721 – nr 90, pilot, Lt. J. M. Wilson, pozuje na zdjęciu; szef personelu naziemnego (crew chief) Sgt. C.W. Luedllie. Samolot miał prawdopodobnie czerwone przednie części osłon silników. Samolot z 448. Dywizjonu 321. Grupy Bombowej. Solenzara, Korsyka.

## 310th BG

The group's aircraft featured a yellow band on the tips of the vertical stabilizers. In addition individual squadron colors were added below the yellow band as thin stripes. The 379th BS used white, 380th BS blue, 381st was identified by a red stripe, while yellow was the official color of the 428th BS. The squadron colors were also used on the propeller hubs. The color bands on the vertical stabilizers were outlined in black to add contrast. Most of the aircraft in service with the 310th BG retained their original, bare metal finish. Only a handful of the B-25J-1s were delivered to the unit in factory-applied, standard USAAF camouflage of OD Green on upper surfaces and grey on lower surfaces.

## 310. Grupa Bombowa

310. Grupa stosowała żółty poziomy pas na statecznikach pionowych. Poszczególne dywizjony tej Grupy malowały pod wyżej wspomnianym pasem cieńszy pas koloru dywizjonu. I tak: 379. Dywizjon miał kolor biały, 380. kolor niebieski, 381. kolor czerwony, a 428. żółty. Dodatkowo piasty śmigieł malowano w barwach dywizjonów. Pasy na statecznikach miały czarne obwódki dla kontrastu. Samoloty z 310. Grupy były w większości bez kamuflażu, w naturalnej barwie metalu. Tylko nieliczne B-25J-1, które przybyły do tej jednostki posiadały fabrycznie standardowy kamuflaż – oliwkowy na górnych powierzchniach i szary na dolnych.

A pair of B-25Js from the 379th BS/310th BG (a white stripe under the yellow band on the vertical stabilizers) releasing their bombs over the target area. The first aircraft (s/n 43-27658) features bare metal finish, while the other one (s/n 43-4048) wears standard USAAF paint scheme.

Para B-25J z 379. Dywizjonu (biały pasek pod żółtym pasem na stateczniku) 310. Grupy pozbywa się ładunku nad celem. Pierwszy samolot z n/s 43-27658 pozostawiony w naturalnej barwie aluminium, a drugi z n/s 43-4048 w standardowym kamuflażu – oliwkowym na górnych powierzchniach i szarym na dolnych.

B-25J-2 "Raffles" s/n probably 43-27725. The aircraft belonged to the 379th BS/310th BG, Ghisonaccia, Corsica.

B-25J-2 „Raffles", prawdopodobnie s/n 43-27725. Samolot z 379. Dywizjonu 310. Grupy Bombowej, Ghisonaccia, Korsyka.

Another shot taken on February 28,1945 of a battle formation of B-25Js from the 379th BS over the target area – a railroad bridge near Pordenone. The aircraft in the upper left-hand corner is the B-25J-1 s/n 43-4048 featured in the previous photograph.

Jeszcze jedno ujęcie szyku B-25J z 379. Dywizjonu nad celem – wiadukt kolejowy w Pordenone, 28 lutego 1945 roku. Samolot w lewym górnym rogu posiadający kamuflaż, to maszyna z poprzedniego zdjęcia B-25J-1 z n/s 43-4048.

B-25J-1 "Smiling Through" s/n 43-4043, pilot Lt. Jay E. Jones. The aircraft was assigned to the 379th BS/310th BG based at Ghisonaccia, Corsica and featured standard camouflage scheme.

B-25J-1 „Smiling Through" s/n 43-4043, pilot Lt. Jay E. Jones. Samolot z 379. Dywizjonu 310. Grupy Bombowej, Ghisonaccia, Korsyka. Maszyna posiada standardowy kamuflaż.

B-25J-1 "Lenette's Regret" s/n 43-4104 during a raid against enemy supply lines in northern Italy. The aircraft is flying over the remains of a bridge in Voghera, some 40 miles south of Milan. The bomber wears standard camouflage pattern. Note visible battle damage that the machine had suffered during one of the previous missions. Also visible is the white stripe and yellow band on the vertical stabilizers applied to all ships flying with the 379th BS. Pilot Lt. F. E. Sullivan, crew chief Sgt. N. H. Harris. 379th BS/310th BG, Ghisonaccia, Corsica.

B-25J-1 „Lenette's Regret" s/n 43-4104 podczas ataku na linie komunikacyjne w północnych Włoszech przelatuje nad zniszczonym mostem w Voghera 40 mil na południe od Mediolanu. Samolot posiada standardowy kamuflaż. Na dolnych zdjęciach widać uszkodzenia, jakich samolot doznał podczas jednej z misji. Dobrze widoczny jest też biały pasek pod żółtym pasem na stateczniku pionowym malowany na samolotach 379. Dywizjonu. Pilot Lt. F. E. Sullivan, szef personelu naziemnego (crew chief) Sgt. N. H. Harris. Samolot z 379. Dywizjonu 310. Grupy Bombowej, Ghisonaccia, Korsyka.

A formation of B-25Js from the 380th BS (a blue stripe below the yellow band on the vertical stabilizers) approaching the target area in the foothills of the Alps. In the foreground is s/n 43-27573 "Belle of Broadway". The third ship from the left is s/n 43-27493 "Miss Mitchell", while s/n 43-27737 to "Bettsie" is the fifth aircraft from the left.

Szyk B-25J z 380. Dywizjonu (niebieski pasek pod żółtym pasem na stateczniku) nad celem u podnóża Alp. Na pierwszym planie samolot z n/s 43-27573 to „Belle of Broadway". Trzeci samolot od lewej z n/s 43-27493 to „Miss Mitchell", a piąty od lewej z n/s 43-27737 to „Bettsie".

B-25Js from the 380th BS returning home from another mission. The aircraft in the foreground is B-25J-15 "How_Boot_That!?" s/n 44-28925. The other machine, featuring standard camou-flage pattern, is s/n 43-4015.

B-25J z 380. Dywizjonu powracające z misji. Na pierwszym planie samolot B-25J-15 „How_Boot_That!?" s/n 44-28925. Drugi z n/s 43-4015 posiada standardowy kamuflaż.

A two-ship of B-25J-2s from the 380th BS bombing a railroad bridge near Torreberreti in northern Italy. The aircraft wearing s/n 43-27552 is "Pretzel".

Para B-25J-2 z 380. Dywizjonu bombardująca most kolejowy koło Torreberreti w północnych Włoszech. Samolot z n/s 43-27552 to „Pretzel".

B-25J-2 "Skonk Chaser" s/n 43-27575, pilot Lt. Dick Gimmi, crew chief Sgt. Lew P. William. The machine belonged to the 380th BS/310th BG, Ghisonaccia, Corsica.

B-25J-2 „Skonk Chaser" s/n 43-27575, pilot Lt. Dick Gimmi, szef personelu naziemnego (crew chief) Sgt. Lew P. William. Samolot z 380. Dywizjonu 310. Grupy Bombowej, Ghisonaccia, Korsyka.

B-25J-2 "Pretzel" s/n 43-27552, pilot Capt. W. Disston, crew chief John E. Nolze. The bomber was in service with the 380th BS/310th BG, Ghisonaccia, Corsica. On April 4, 1945, just after the bomb release over a railroad bridge near Drauburg, Austria, "Pretzel" collided in mid air with "Bettsie"(s/n 43-27737), the lead ship in the formation. The bomber was flown at that time by Lt. F.S. Miller with Henry P. Malinowski in the co-pilot's seat. The entire crew perished in the crash. MACR 13682.

B-25J-2 „Pretzel" s/n 43-27552, pilot Capt. W. Disston, szef personelu naziemnego (crew chief) John E. Nolze. Samolot z 380. Dywizjonu 310. Grupy Bombowej, Ghisonaccia, Korsyka. 4 kwietnia 1945 roku tuż po pozbyciu się ładunku bomb na most i linię kolejową koło Drauburg (Austria) samolot zderzył się z prowadzącym formację samolotem „Bettsie"(s/n 43-27737). Maszynę pilotował wówczas Lt. F.S. Miller, drugim pilotem był Henry P. Malinowski. Cała załoga zginęła. MACR 13682.

B-25J-15 "How Boot That !?" s/n 44- 28925, pilot Capt. Joseph Luchford, crew chief Sgt. Al Jarzyka. The aircraft flew with the 380th BS/310th BG, Ghisonaccia, Corsica. The bomber's nose art was the work of the unit's resident artist Daniel Kowalik. "How_Boot_That !?" ended its wartime career having flown 82 combat missions.

B-25J-15 „How Boot That !?" s/n 44- 28925, pilot Capt. Joseph Luchford, szef personelu naziemnego (crew chief) Sgt. Al Jarzyka. Samolot z 380. Dywizjonu 310. Grupy Bombowej, Ghisonaccia, Korsyka. Nose art na samolocie wykonał ówczesny artysta jednostki – Daniel Kowalik. „How_Boot_That !?" zakończył wojnę mając 82 odbyte misje bojowe.

B-25J-2 "Bettsie" s/n 43-27737, pilot Lt. Edward Betts, crew chief L. B. Helnsing?. 380th BS 310th BG, Ghisonaccia, Corsica. The bomber wore another name on the other side of the fuselage – "Oh Oh Oklahoma", which was chosen by the co-pilot. This was a fairly common practice among the crews of the 310th BG. The aircraft was lost in a mid-air collision with "Pretzel". Some of the crew managed to bail out of the machine and were subsequently captured by the Germans. The others, including the pilot Donald E. Oliver, died in the crash. MACR 13685.

B-25J-2 „Bettsie" s/n 43-27737, pilot Lt. Edward Betts, szef personelu naziemnego (crew chief) L. B. Helnsing?. Samolot z 380. Dywizjonu 310. Grupy Bombowej, Ghisonaccia, Korsyka. Z drugiej strony maszyna nosiła nazwę „Oh Oh Oklahoma" nadaną przez drugiego pilota. Był to dość powszechny zwyczaj w 310. Grupie. Samolot utracono w wyniku kolizji w powietrzu z drugim samolotem o nazwie „Pretzel". Część załogi zdołała się uratować, po czym została schwytana przez wroga. Reszta zginęła, w tym pilot Donald E. Oliver. MACR 13685.

B-25J-1 "Sleepy time gal" s/n 43-40??, pilot Lt. Frank M. Scherer, crew chief Sgt. Henry C. Seiffert. The aircraft wore standard camouflage scheme and flew with the 380th BS/310th BG stationed at Ghisonaccia, Corsica.

B-25J-1 „Sleepy time gal" s/n 43-40??, pilot Lt. Frank M. Scherer, szef personelu naziemnego (crew chief) Sgt. Henry C. Seiffert. Samolot z 380. Dywizjonu 310. Grupy Bombowej, Ghisonaccia, Korsyka. Maszyna posiada standardowy kamuflaż.

B-25J-2 "Wise Decision" s/n 43-27554, pilot Lt. Bonham Cross, crew chief Sgt. Leon A. Geo. 380th BS/310th BG, Ghisonaccia, Corsica.

B-25J-2 „Wise Decision" s/n 43-27554, pilot Lt. Bonham Cross, szef personelu naziemnego (crew chief) Sgt. Leon A. Geo. Samolot z 380. Dywizjonu 310. Grupy Bombowej, Ghisonaccia, Korsyka.

B-25J-2 "The Little King" s/n 43-27676, pilot J. M. DeLozier, crew chief Sgt. F.B. Dean. The bomber had been previously flown by Lt. Howard King, hence the name. The aircraft ended its combat career at Fano, Italy as a veteran of 121 missions. 380th BS/310th BG, Ghisonaccia, Corsica.

B-25J-2 „The Little King" s/n 43-27676, pilot J. M. DeLozier, szef personelu naziemnego (crew chief) Sgt. F.B. Dean. Samolot pilotował wcześniej Lt. Howard King, który nadał mu nazwę. Maszyna odbyła 121 misji bojowych kończąc swoją turę w Fano (Włochy). Samolot z 380. Dywizjonu 310. Grupy Bombowej, Ghisonaccia, Korsyka.

B 25J-15 "Bison Thunder Head" s/n 44-28717, pilot Lt. Chas C. Debus, crew chief Sgt. George E. Muss. 380th BS 310th BG, Ghisonaccia, Corsica.

B 25J-15 „Bison Thunder Head" s/n 44-28717, pilot Lt. Chas C. Debus, szef personelu naziemnego (crew chief) Sgt. George E. Muss. Samolot z 380. Dywizjonu 310. Grupy Bombowej, Ghisonaccia, Korsyka.

B-25J-2 "She's Engaged" s/n 43-27559, pilot Lt. John W. Allen, crew chief Sgt. Elton T. Larsen. Many sources show this bomber as s/n 43-27571, but in fact it is one of the 379th BS aircraft lost on March 30, 1945 (flown at the time by Lt. Mc-Stea). MACR 13451. "She's Engaged" had completed over 100 combat missions and belonged to the 380th BS/310th BG based at Ghisonaccia, Corsica.

B-25J-2 „She's Engaged" s/n 43-27559, pilot Lt. John W. Allen, szef personelu naziemnego (crew chief) Sgt. Elton T. Larsen. Wiele publikacji ilustruje ten samolot z n/s 43-27571, lecz jest to maszyna z 379. Dywizjonu utracona 30 marca 1945 roku (pilotował wów-czas samolot Lt. McStea) MACR 13451. „She's Engaged" odbył ponad 100 misji. Samolot z 380. Dywizjonu 310. Grupy Bombowej, Ghisonaccia, Korsyka.

B-25J-2 from the 381st BS (a red stripe below the yellow band on the vertical stabilizers) s/n 43-27561 pictured after it had crashed at Ghisonaccia, Corsica on June 22, 1944.

B-25J-2 z 381. Dywizjonu (czerwony pasek pod żółtym pasem na stateczniku) n/s 43-27561 po kraksie na lotnisku w Ghisonaccia, Korsyka. 22 czerwca 1944 roku.

B-25J-1 "Sky Larkin" s/n 43-4034, pilot Lt. Elmore Tonini, crew chief Sgt. D. Muntel?. The name was chosen by Lt Storey J. Larkin, the bomber's previous pilot. The machine flew with the 381st BS/310th BG stationed at Ghisonaccia, Corsica and wore standard camouflage scheme.

B-25J-1 „Sky Larkin" s/n 43-4034, pilot Lt. Elmore Tonini, szef personelu naziemnego (crew chief) Sgt. D. Muntel(?). Wcześniej pilotował samolot Lt Storey J. Larkin, który nadał mu nazwę. Samolot z 381. Dywizjonu 310. Grupy Bombowej, Ghisonaccia, Korsyka. Maszyna posiada standardowy kamuflaż.

The yellow stripe under yellow band on the vertical stabilizers indicates this is a B-25J-2 "Big Noise"from the 428th BS/310th BG, s/n 43-27637, pilot Lt. Richard McEldery, crew chief Sgt. E.O. Robinson. This aircraft based at . Ghisonaccia, Corsica sports 68 mission markings under the cockpit.

B-25J-2 z 428. Dywizjonu (żółty pasek pod żółtym pasem na stateczniku) 310. Grupy Bombowej „Big Noise" s/n 43-27637, pilot Lt. Richard McEldery, szef personelu naziemnego (crew chief) Sgt. E.O, Ghisonaccia, Korsyka. Maszyna ma pod kabiną wymalowane 68 odbytych misji bojowych.

B-25J-10 from the 428th BS/310th BG. "Angel Of Mercy", s/n 43-35982, is pictured here after an emergency landing following the landing gear failure. The malfunction was caused by the loss of hydraulics after the bomber took a beating over Rovereto. The machine landed safely at Fano, Italy, which was the unit's home base at that time. April 19, 1945. Pilot Lt. T.C. Michal, crew chief Sgt. E.Q. Robinson.

B-25J-10 z 428. Dywizjonu 310. Grupy Bombowej „Angel Of Mercy" s/n 43-35982 powraca z misji i ląduje awaryjnie po tym jak wysunęło się tylko jedno koło. Awaria spowodowana była uszkodzonym systemem hydraulicznym przez ogień przeciwlotniczy nieprzyjaciela podczas nalotu na Rovereto. Samolot pomyślnie wylądował w ówczesnej bazie jednostki w Fano (Włochy) 19 kwietnia roku 1945. Pilot Lt. T.C. Michal, szef personelu naziemnego (crew chief) Sgt. E.Q. Robinson.

B-25J-2 "Unpredictable" s/n 43-27677, pilot Lt. William S. Burdelski, crew chief Sgt. R.H. Brundige. This veteran of 140 combat missions was assigned to the 428th BS/310th BG, Ghisonaccia, Corsica.

B-25J-2 „Unpredictable" s/n 43-27677, pilot Lt. William S. Burdelski, szef personelu naziemnego (crew chief) Sgt. R.H. Brundige. Samolot z 428. Dywizjonu 310. Grupy Bombowej, Ghisonaccia, Korsyka. Maszyna wykonała 140 misji bojowych.

B-25J-2 "Hossier Gal" s/n 43-27484, pilot Lt. Theophil John Werling. 428th BS 310th BG, Ghisonaccia, Corsica. John Werling (pictured) flew over 70 combat missions. Note one air-to-air kill next to the mission markings on the fuselage. The bomber was written off on February 15, 1945 after it sustained damage during a take-off incident at Ghisonaccia. On its last flight the machine was piloted by Joseph E. Anderson.

B-25J-2 „Hossier Gal" s/n 43-27484, pilot Lt. Theophil John Werling. Samolot z 428. Dywizjonu 310. Grupy Bombowej, Ghisonaccia, Korsyka. John Werling (na zdjęciu) wykonał ponad 70 misji bojowych. Na boku kadłuba widoczne jest, obok wymalowanych misji bojowych, jedno zwycięstwo powietrzne. 15 lutego 1945 roku samolot został spisany z listy na lotnisku Ghisonaccia po uszkodzeniach jakich doznał gdy skraksował podczas startu. Pilotował go wówczas Joseph E. Anderson.

B-25J-15 "Panchito" s/n 44-28941, pilot Lt. Carl Lindberg, crew chief Sgt. Vasilakis A. J. Sporting yellow propeller hubs the aircraft flew with the 428th BS/310th BG, Ghisonaccia, Corsica.

B-25J-15 „Panchito" s/n 44-28941, pilot Lt. Carl Lindberg, szef personelu naziemnego (crew chief) Sgt. Vasilakis A. J. Samolot z 428. Dywizjonu 310. Grupy Bombowej, Ghisonaccia, Korsyka. Samolot posiada żółte piasty śmigieł.

B-25J-2 "Chinook" s/n ?, pilot Lt. B.T. Gilbert, crew chief Sgt. C.R. Trice . The machine belonged to the 428th BS/310th BG, Ghisonaccia, Corsica.

B-25J-2 „Chinook" s/n ?, pilot Lt. B.T. Gilbert, szef personelu naziemnego (crew chief) Sgt. C.R. Trice. Samolot z 428. Dywizjonu 310. Grupy Bombowej, Ghisonaccia, Korsyka.

## 319th BG

B-25 Js from the 319th BG operated over Europe for a relatively short period of time. The group's crews did not trade their B-26 "Marauder" bombers for the "Mitchells" until November 1944. The 319th BG flew their B-25s until January 1945 when the unit was rotated back to the States to convert to the A-26 "Invader". The group was then assigned to the 7th Air Force in the Pacific where it operated in the final months of the war.

All of the "Mitchells" serving with the 319th BG retained their bare metal finish, except the outer surfaces of the vertical stabilizers which were painted Cobalt Blue. Each squadron of the 319th BG was assigned a two-digit battle number painted in white and squadron color applied to the tips of the vertical fins and front sections of the nacelles. The 437th BS numbers were in the 01-24 range with blue as the squadron color; the 438th BS aircraft wore numbers from 25 to 49 (with squadron color being red; numbers in the range from 50-74 were allocated to the machines operated by the 439th BS (yellow), while the 440th BS aircraft wore numbers 75-99 and featured white as the squadron color.

## 319. Grupa Bombowa

B-25 J z 319. Grupy stosunkowo krótko latały na froncie europejskim. 319. Grupa, wcześniej latając na B-26 „Marauder", przesiadła się na „Mitchelle" w listopadzie 1944 roku, a już w styczniu 1945 została wycofana do Stanów, gdzie przezbrojono ją w nowe samoloty A-26 „Invader". Jednostka następnie została wcielona do 7. Armii Powietrznej USA na Pacyfiku, gdzie latała na misje w ostatnich miesiącach wojny.

Wszystkie samoloty z 319. Grupy pozostawiono bez kamuflażu w naturalnej barwie aluminium. Posiadały tylko zewnętrzne stateczniki pionowe pomalowane kolorem Cobalt Blue. Poszczególne dywizjony 319. Grupy identyfikował dwucyfrowy biały numer naniesiony na statecznikach oraz kolor przednich części osłon silników. I tak: 437. Dywizjon posiadał numerację w zakresie 01–24 a kolorem dywizjonu był niebieski; 438. numeracja 25–49, kolor czerwony; 439. numeracja w zakresie 50–74, kolor żółty i 440. numeracja 75–99, kolor biały.

B-25J-10 # 20 from the 437th BS (blue engine nacelles) - s/n 43-35955.

B-25J-10 # 20 z 437. Dywizjonu (niebieskie osłony silników) – s/n 43-35955.

B-25J-2 s/n 43-27579 # 46 - pilot Lt. Ed Steinman – from the 438th BS (red engine nacelles) releasing its load of four 1000 lb bombs over the Brenner Pass in northern Italy in the winter of 1945.

B-25J-2 s/n 43-27579 # 46 – pilot Lt. Ed Steinman – z 438. Dywizjonu (czerwone osłony silników) pozbywa się ładunku czterech bomb 1000 lb. nad przełęczą Brenner w północnych Włoszech, zima 1944 roku.

B-25J-10 "De Rumbel Izer" from the 438th BS, s/n 43-3597? (probably 43-35976). White squadron battle number – unknown. The machine's pilot was Lt. Joe Connaughton (his crew is pictured in the photograph). As was the case with other machines from the 438th BS, this ship also featured red front sections of the engine nacelles.

B-25J-10 „De Rumbel Izer" z 438. Dywizjonu. Samolot posiada n/s 43-3597? (prawdopodobnie 43-35976) – biały numer dywizjonowy na stateczniku – nieznany. Samolot pilotował Lt. Joe Connaughton (na zdjęciu jego załoga). Maszyna posiada – tak jak wszystkie samoloty z 438. Dywizjonu – czerwone przednie osłony silników.

B-25J-10 # 54 from the 439th BS (yellow engine nacelles) s/n 43-36227 in flight over Serragia, Corsica.

B-25J-10 # 54 z 439. Dywizjonu (żółte osłony silników) s/n 43-36227 nad Serragia (Korsyka).

B-25J-10s from the 440th BS/319th BG (white engine nacelles) pounding a railroad bridge at Castelnova, 60 miles north-east of Verona on November 18, 1944. The aircraft closest to the camera is s/n 43-36099 # 82 flown by John Marlow. The second machine is # 86, s/n 43-36061.

B-25J-10 z 440. Dywizjonu 319. Grupy (białe osłony silników) niszczą most kolejowy Castelnova, 60 mil na północny wschód od Werony, 18 listopada 1944 roku. Na pierwszym planie samolot z s/n 43-36099 # 82 pilotowany przez Johna Marlowa. Drugi samolot # 86 posiada s/n 43-36061.

B-25J "Reading Raider" from the unidentified BS of the 319th BG. Pilot ? crew chief Sgt. L. Darwin Rienhart. Note one blister gun pack still in place, while the other one had already been removed, a fairly common occurrence on aircraft in service with the 319th BG. Italy, December 1944.

B-25J „Reading Raider" z nieznanego dywizjonu 319. Grupy. Pilot ?, szef personelu naziemnego (crew chief) Sgt. L. Darwin Rienhart. Zwraca uwagę jeden zachowany, a jeden zdemontowany karabin na boku kadłuba. Takie zjawisko było powszechne w 319. Grupie. Włochy, grudzień 1944 roku.

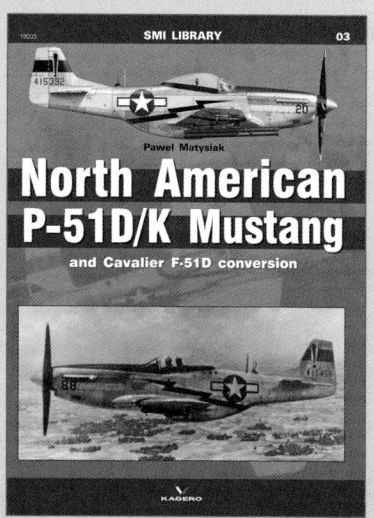

# Color gallery

## 340th BG

B-25J-1 "Sahara Sue II" - s/n 43-4019 – 6A, pilot Lt. M. C. Martinson, crew chief Sgt. T. E. Williams. The aircraft belonged to the 486th BS/340th BG stationed at Alesani. Corsica, 1945. The aircraft wears a standard USAAF paint scheme of OD Green on upper surfaces and grey on lower surfaces.

B-25J-1 „Sahara Sue II" – s/n 43-4019 – 6A, pilot Lt. M. C. Martinson, szef personelu naziemnego (crew chief) Sgt. T. E. Williams. Samolot z 486. Dywizjonu 340. Grupy Bombowej stacjonującego w Alesani, Korsyka, 1945 rok. Maszyna posiada standardowy kamuflaż USAAF – oliwkowy na górnych powierzchniach i szary na dolnych.

B-25J-2 "San Antoneli Rose" s/n 43-27629 – 6F, pilot Lt. R.W. Pike, crew chief S/Sgt. W.H. Binner. The aircraft served with the 486th BS/340th BG. Alesani, Corsica.

B-25J-2 „San Antoneli Rose" s/n 43-27629 – 6F, pilot Lt. R.W. Pike, szef personelu naziemnego (crew chief) S/Sgt. W.H. Binner. Samolot z 486. Dywizjonu 340. Grupy Bombowej. Alesani, Korsyka.

B-25J-2 "Quanto Costa" s/n 43-27731 - 7S, pilot Capt. Chas Cook. The bomber belonged to the 487th BS/340th BG. Alesani, Corsica, 1945.

B-25J-2 „Quanto Costa" s/n 43-27731 – 7S, pilot Capt. Chas Cook. Samolot z 487. Dywizjonu 340. Grupy Bombowej. Alesani, Korsyka, 1945 rok.

B-25J-25 s/n 44-30142. (Description on page 21/ Opis na stronie 21)

B-25J-10 "Legal Eagle" s/n 43-35984. (Description on page 22/ Opis na stronie 22)

B-25J-2 "Ruthie" s/n 43-27653 – 9C, pilot Lt. J.J. Franks, crew chief Sgt. Ezra Baer. This rare color photograph clearly shows that "Ruthie" was one of the B-25Js camouflaged with the RAF Dark Green on upper surfaces, while most other „Mitchells" at that time were painted using standard USAAF Olive Drab . The aircraft flew 108 combat missions and featured one Me-109 kill mark under the cockpit. Propeller hubs and front sections of the nacelles were painted yellow since the machine served with the 489th BS/340th BG. Alesani, Corsica.

B-25J-2 „Ruthie" s/n 43-27653 – 9C, pilot Lt. J.J. Franks, szef personelu naziemnego (crew chief) Sgt. Ezra Baer. Rzadkie kolorowe zdjęcia ukazują, że „Ruthie" był jednym z nielicznych B-25J pomalowanym RAF Dark Green na górnych powierzchniach, podczas gdy inne sa-moloty malowano standardową USAAF Olive Drab. Samolot odbył 108 misji. Pod kabiną widniało jedno zestrzelenie (Me-109). Piasty śmigła i przednie części osłon silników w kolorze żółtym. Samolot z 489. Dywizjonu 340. Grupy Bombowej. Alesani, Korsyka.

B-25J-2 "Briefing Time" s/n 43-27638. (Description on page 21/ Opis na stronie 21)

## 321th BG

B-25J-2 "Mama" s/n 43-27748 – nr 02, pilot Lt. D.P. Bowling, crew chief Sgt. F.K. Cracknell. The aircraft belonged to the 445th BS/321st BG stationed at Solenzara, Corsica.

B-25J-2 „Mama" s/n 43-27748 – nr 02, pilot Lt. D.P. Bowling, szef personelu naziemnego (crew chief) Sgt. F.K. Cracknell. Samolot z 445. Dywizjonu 321. Grupy Bombowej bazującej w Solenzara, Korsyka.

B-25J-2 "Stuff" s/n 43-27680 - nr 07. The machine served with the 445th BS/321st BG. Solenzara, Corsica. The aircraft in the background is nr 30 – "Shooting Bull" from the 446th BS.

B-25J-2 „Stuff" n/s 43-27680 – nr 07. Samolot z 445. Dywizjonu 321. Grupy Bombowej. Solenzara, Korsyka. W tle widać samolot z nr. 30 – „Shooting Bull" z 446. Dywizjonu.

B-25J-25 "Verla" s/n 44-30069 – nr 38, pilot Lt. Gale Berge, crew chief Sgt. Mills. 446th BS/321st BG, Solenzara, Corsica. The aircraft was delivered to the unit in February 1945 and inherited the battle numbers and ground crew from "Princess" (s/n 43-27496) which had been lost in combat.

B-25J-25 „Verla" s/n 44-30069 – nr 38, pilot Lt. Gale Berge, szef personelu naziemnego (crew chief) Sgt. Mills. Samolot z 446. Dywizjonu 321. Grupy Bombowej. Solenzara, Korsyka. Samolot rozpoczął loty bojowe w lutym 1945 roku i przejął numerację oraz personel naziemny po utraconym samolocie „Princess" (n/s 43-27496).

B-25J-2 "My Georgia Peach" s/n 43-27503 – nr 46, pilot Lt. Hahn (previously Lt Matthews), crew chief Sgt. Moore. 446th BS/321st BG. Solenzara, Corsica.

B-25J-2 „My Georgia Peach" s/n 43-27503 – nr 46, pilot Lt. Hahn wcześniej Lt Matthews, szef personelu naziemnego (crew chief) Sgt. Moore. Samolot z 446. Dywizjonu 321. Grupy Bombowej. Solenzara, Korsyka.

B-25J-1 "Bourbon Baby" s/n 43-4020 – nr 26, pilot Lt. Sherline, crew chief Sgt. Yakelis. Featuring standard camouflage scheme the aircraft served with the 446th BS/321st BG. Solenzara, Corsica.

B-25J-1 „Bourbon Baby" s/n 43-4020 – nr 26, pilot Lt. Sherline, szef personelu naziemnego (crew chief) Sgt. Yakelis. Samolot z 446. Dywizjonu 321. Grupy Bombowej. Solenzara, Korsyka. Maszyna posiada standardowy kamuflaż.

B-25J-2 „Sweet Sue" s/n 43-27501. (Description on page 38/ Opis na stronie 38)

This B-25J-2 is most likely s/n 43-27745, nr 47. The 100th mission mark was added under the bombardier station in the form of a black bomb symbol. The aircraft belonged to the 446th BS/321st BG. Solenzara, Corsica.

B-25J-2 bez nazwy (Woman Holding Dove) prawdopodobnie posiadał s/n 43-27745 i nr 47. Setna misja pod kabiną bombardiera została oznaczona czarnym symbolem bomby. Samolot z 446. Dywizjonu 321. Grupy Bombowej. Solenzara, Korsyka.

B-25J-2 "MMR" – (Margaret Mary Rustin) – s/n 43-27751 – nr 50, pilot Lt. W.C. Morton, crew chief Sgt. E.J. Drwila. 447th BS/321st BG. Solenzara, Corsica.

B-25J-2 „MMR" – (Margaret Mary Rustin) – s/n 43-27751 – nr 50, pilot Lt. W.C. Morton, szef personelu naziemnego (crew chief) Sgt. E.J. Drwila. Samolot z 447. Dywizjonu 321. Grupy Bombowej. Solenzara, Korsyka.

◄ B-25J-2 "Judy" (s/n unknown) from the 446th BS/321st BG. Solenzara, Corsica.

Nieznany B-25J-2 o nazwie „Judy" z 446. Dywizjonu 321. Grupy Bombowej. Solenzara, Korsyka.

B-25J-2 "Reddie Teddie" s/n 43-27492 – nr 57, pilot Lt. H.C. Satterwhite, crew chief Sgt. T.J. Obrazik. The aircraft was in service with the 447th BS/321st BG. Solenzara, Corsica.

B-25J-2 „Reddie Teddie" s/n 43-27492 – nr 57, pilot Lt. H.C. Satterwhite, szef personelu naziemnego (crew chief) Sgt. T.J. Obrazik. Samolot z 447. Dywizjonu 321. Grupy Bombowej. Solenzara, Korsyka.

B-25J-2 "Ave Maria" s/n 43-27498 – nr 71 (previously Roman III), pilot Lt. W.E. Marchant, crew chief Sgt. G.S. Thomason. 447th BS/321st BG. Solenzara, Corsica. The bomber's front sections of the engine nacelles are painted blue.

B-25J-2 „Ave Maria" s/n 43-27498 – nr 71 (wcześniej rzymskie III), pilot Lt. W.E. Marchant, szef personelu naziemnego (crew chief) Sgt. G.S. Thomason. Samolot z 447. Dywizjonu 321. Grupy Bombowej. Solenzara, Korsyka. Samolot ma przednie części osłony silników w kolorze niebieskim.

B-25J-10 "Big Jamoke" s/n 43-36110 – nr 59, pilot Lt. Donald W. Gies, crew chief Sgt. Wayne B. Cording. The bomber belonged to the 447th BS/321st BG. Solenzara, Corsica.

B-25J-10 „Big Jamoke" s/n 43-36110 – nr 59, pilot Lt. Donald W. Gies, szef personelu naziemnego (crew chief) Sgt. Wayne B. Cording. Samolot z 447. Dywizjonu 321. Grupy Bombowej. Solenzara, Korsyka.

B-25J-1 "Cherry Fizz" s/n 43-4037. (Description on page 43/ Opis na stronie 43)

B-25J-2 "Miss Mitchell" s/n 43-27493, pilot Lt. Art Ensley, crew chief Sgt. Ray Ostlie. 380th BS/310th BG, Ghisonaccia, Corsica.

B-25J-2 „Miss Mitchell" s/n 43-27493, pilot Lt. Art Ensley, szef personelu naziemnego (crew chief) Sgt. Ray Ostlie. Samolot z 380. Dywizjonu 310. Grupy Bombowej, Ghisonaccia, Korsyka.

B-25J "Missionem Semper Perfecimus" s/n ? wearing the squadron badge of the 379th BS. 379th BS/310th BG stationed at Ghisonaccia, Corsica.

B-25J „Missionem Semper Perfecimus" s/n ? z wymalowanym godłem 379. Dywizjonu. Samolot z 379. Dywizjonu 310. Grupy Bombowej bazującego w Ghisonaccia, Korsyka.

B-25J-2 "Wise Decision" s/n 43-27554.
(Description on page 53/ Opis na stronie 53)

B-25J-2 "Form I-A" s/n 43-27543, pilot Lt William F. Bierds, crew chief Sgt. William M. Peters. Armorer S/Sgt Hollon is sitting in the bombardier's station. The bombardier, F.H. Carr had a habit of leaving his fingerprint below the cockpit after every mission he had flown, which can be clearly seen in the photograph. The nose art on the other side of the bomber ("Dear Arabella") was commissioned by the co-pilot Lt. Willie Miller. Notice also the squadron badge under the bombardier's station. The aircraft flew a total of 130 combat missions. The white mission markings added to the red ones represent every mission above the 100th mark. The machine flew with the 381st BS/310th BG, Ghisonaccia, Corsica.

B-25J-2 „Form I-A" s/n 43-27543, pilot Lt William F. Bierds, szef personelu naziemnego (crew chief) Sgt. William M. Peters. W kabinie bombardiera siedzi mechanik S/Sgt Hollon (armorer) obsługujący karabiny. Bombardier F.H. Carr po każdej odbytej misji zostawiał odcisk palca pod swoją kabiną – co widać na zdjęciu. Drugi pilot Lt. Willie Miller kazał wymalować po drugiej stronie samolotu *nose art* z nazwą „Dear Arabella". Pod kabiną bombardiera dobrze widoczne jest godło 381. Dywizjonu. Samolot odbył ponad 130 misji. Białe symbole bomb na czerwonych oznaczają ekstra kolejkę po setnej odbytej misji. Samolot z 381. Dywizjonu 310. Grupy Bombowej, Ghisonaccia, Korsyka.

B-25J-2 "Oriley's Daughter" s/n 43-27533, pilot Lt. C.A. Kochendorfer, crew chief Sgt. F.I. Johnson?. The machine was assigned to the 381st BS/310th BG, Ghisonaccia, Corsica. The photograph shows the port and starboard side of the bomber.

B-25J-2 „Oriley's Daughter" s/n 43-27533, pilot Lt. C.A. Kochendorfer, szef personelu naziemnego (crew chief) Sgt. F.I. Johnson(?). Samolot z 381. Dywizjonu 310. Grupy Bombowej, Ghisonaccia, Korsyka. Na zdjęciu widoczna jest lewa i prawa strona samolotu.

B-25J-1 "Shady Lady" s/n 43-4032, pilot Lt. Walter Uhl, crew chief Sgt. O.P. Kaatz. The aircraft wore standard camouflage scheme of OD on upper surfaces and grey on lower surfaces. The mission markings indicate the machine had completed 120 sorties. 381st BS/310th BG, Ghisonaccia, Corsica, July 1944.

B-25J-1 „Shady Lady" s/n 43-4032, pilot Lt. Walter Uhl, szef personelu naziemnego (crew chief) Sgt. O.P. Kaatz. Samolot posiada standardowy kamuflaż – oliwkowy na górnych powierzchniach i szary na dolnych. Na boku kadłuba pod kabiną widnieją symbole 120 odbytych misji bojowych. Samolot z 381. Dywizjonu 310. Grupy Bombowej, Ghisonaccia, Korsyka, lipiec 1944 rok.

B-25J-10 "Allergic To Combat" s/n 43-36236, pilot Lt. Robert P. Zulauf. Like all machines in service with the 381st BS/310th BG, this "Mitchell" features red propeller hubs.

B-25J-10 „Allergic To Combat" s/n 43-36236, pilot Lt. Robert P. Zulauf. Samolot z 381. Dywizjonu 310. Grupy Bombowej, Ghisonaccia, Korsyka. Maszyna ma czerwone piasty śmigieł, jak wszystkie samoloty 381. Dywizjonu.

B-25J "The Kewanee Kid III" s/n ?. The bomber was in service with the 381st BS/310th BG, Ghisonaccia, Corsica.

B-25J „The Kewanee Kid III" s/n ?. Samolot z 381. Dywizjonu 310. Grupy Bombowej, Ghisonaccia, Korsyka.

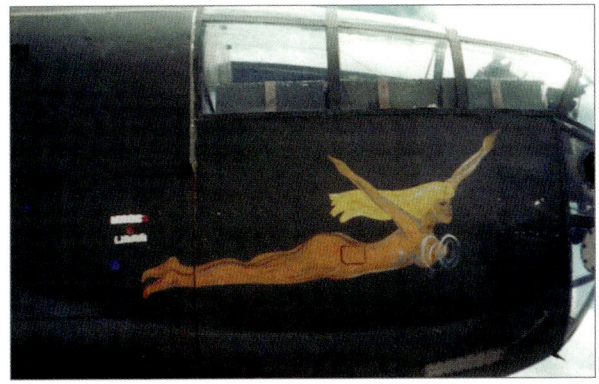

B-25J-1 "Sky Larkin" s/n 43-4034. (Description on page 56/ Opis na stronie 56)

B-25J-10 "Angel Of Mercy", s/n 43-35982. (Description on page 57/ Opis na stronie 57)

B-25J-2 "Big Noise" s/n 43-27637. (Description on page 56/ Opis na stronie 56)

# 319th BG

"Mitchells" from the 438th BS returning to the unit's base at Serragia, Corsica. This rare color photograph shows s/n 43-35978 #32 wearing the Cobalt Blue paint on the vertical fins. Red engine nacelles indicate this was one of the ships belonging to the 438th BS.

„Mitchelle" z 438. Dywizjonu wracające z misji do ówczesnej bazy w Serragia (Korsyka). Rzadkie kolorowe zdjęcie ukazuje samolot o s/n 43-35978 #32 ze statecznikami pomalowanymi kolorem Cobalt Blue i posiadającym czerwone osłony silników – symbol przynależności do 438. Dywizjonu.

# Nose "pin-up art" section

Most of the nose art was inspired by the „Vargas Girls". Here is a small sample:

Większość wymalowanych przez dywizjonowych artystów *nose art'ów* wzorowana była na „Vargas Girls". Oto niektóre z nich:

1. B-25J „Shirley Ann" (page/strona 18)
   B-25J „Briefing Time" (page/strona 21)
2. B-25J „How Boot That !?" (page/strona 52)
3. B-25J „That's All Brother" (page/strona 27)
4. B-25J „Section 8 Idiots Delight" (page/strona 7)
5. B-25J „Sweet Sue" (page/strona 38)
   B-25J „Mama" (page/strona 65)
6. B-25J „Blonde Beauty" (page/strona 31)
7. B-25J „Jessie" (page/strona 39)
   B-25J „Lovely Lady" (page/strona 42)
   B-25J „Ruthie" (page/strona 64)
8. B-25J „Miss Rabel" (page/strona 23)
9. B-25J  no name (page/strona 34)
10. B-25J „Ketie" (page/strona 41)
11. B-25J „Smiling Through" (page/strona 47)

# Bomb Group insignia & patches

340 BG

486th BS

487th BS

488th BS

489th BS

321 BG

445th BS

446th BS

447th BS

448th BS

310 BG

479th BS

480th BS

481st BS

448th BS

319 BG

437th BS

438th BS

439th BS

440th BS

HAMILTON STANDARD
EAST HARTFORD
CONNECTICUT
DIVISION OF
UNITED AIRCRAFT
CORPORATION
PPROPELLERS

LT. W.C. MORTON
AIRPLANE COMMANDER

SGT. E. J. DRWILA
CREW CHIEF

LT. H.H. LANKESTER
BOMBARDIER

327 751

MMR

U.S. ARMY B-25J-2-N.C.
SERIAL NO.   AFF 43-27751

CREW WEIGHT 1200 LBS
SERVICE THIS AIRPLANE WITH GRADE 100/130
FUEL IF NOT AVAILABLE T.O. NO. 06-5-1 WILL
BE CONSULTED FOR EMERGENCY ACTION
SUITABLE FOR AROMATIC FUEL

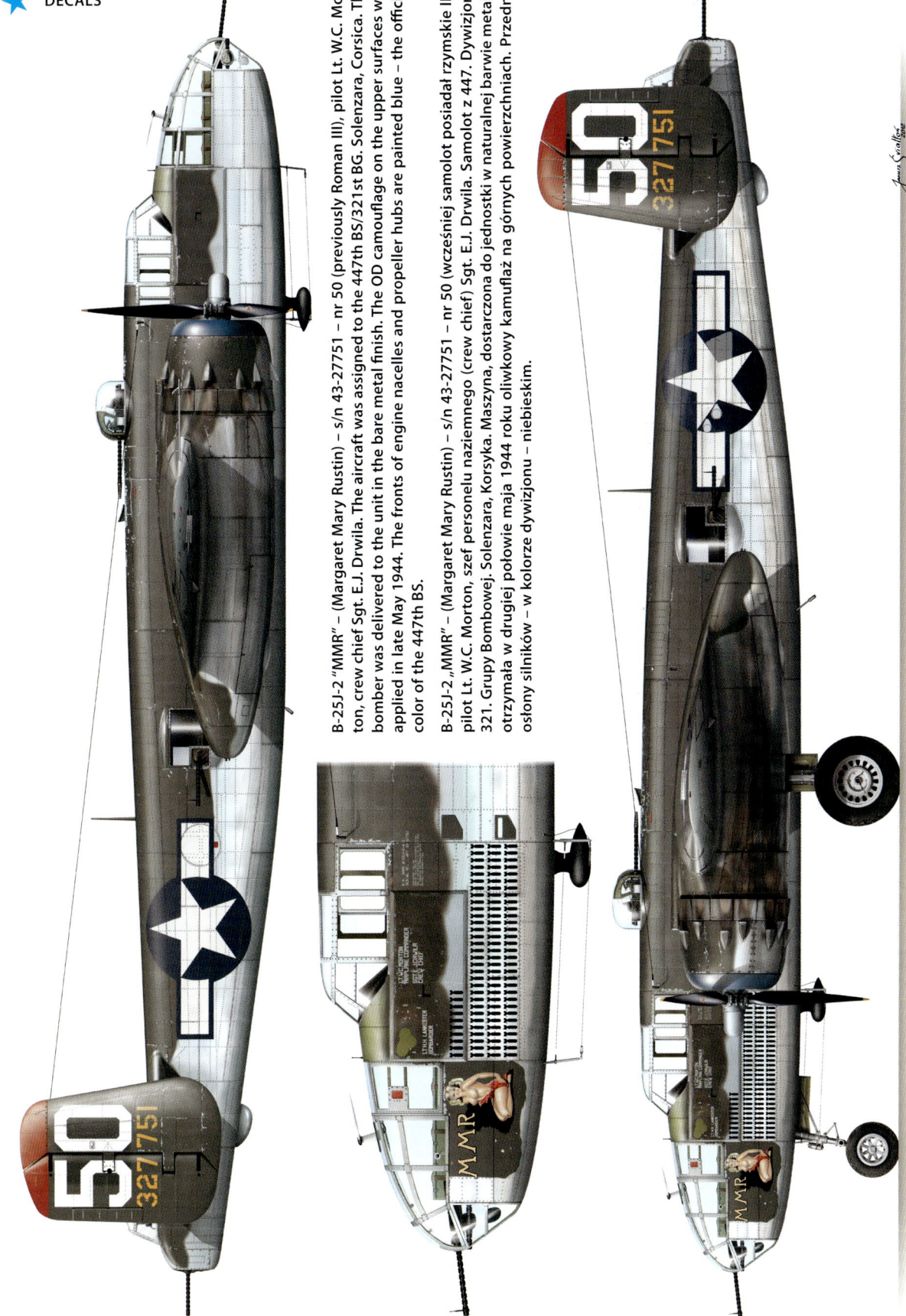

B-25J-2 "MMR" – (Margaret Mary Rustin) – s/n 43-27751 – nr 50 (previously Roman III), pilot Lt. W.C. Morton, crew chief Sgt. E.J. Drwila. The aircraft was assigned to the 447th BS/321st BG. Solenzara, Corsica. The bomber was delivered to the unit in the bare metal finish. The OD camouflage on the upper surfaces was applied in late May 1944. The fronts of engine nacelles and propeller hubs are painted blue – the official color of the 447th BS.

B-25J-2 „MMR" – (Margaret Mary Rustin) – s/n 43-27751 – nr 50 (wcześniej samolot posiadał rzymskie III), pilot Lt. W.C. Morton, szef personelu naziemnego (crew chief) Sgt. E.J. Drwila. Samolot z 447. Dywizjonu 321. Grupy Bombowej. Solenzara, Korsyka. Maszyna, dostarczona do jednostki w naturalnej barwie metalu, otrzymała w drugiej połowie maja 1944 roku oliwkowy kamuflaż na górnych powierzchniach. Przednie osłony silników – w kolorze dywizjonu – niebieskim.

Painted by Janusz Światłoń

PAPER DOLL

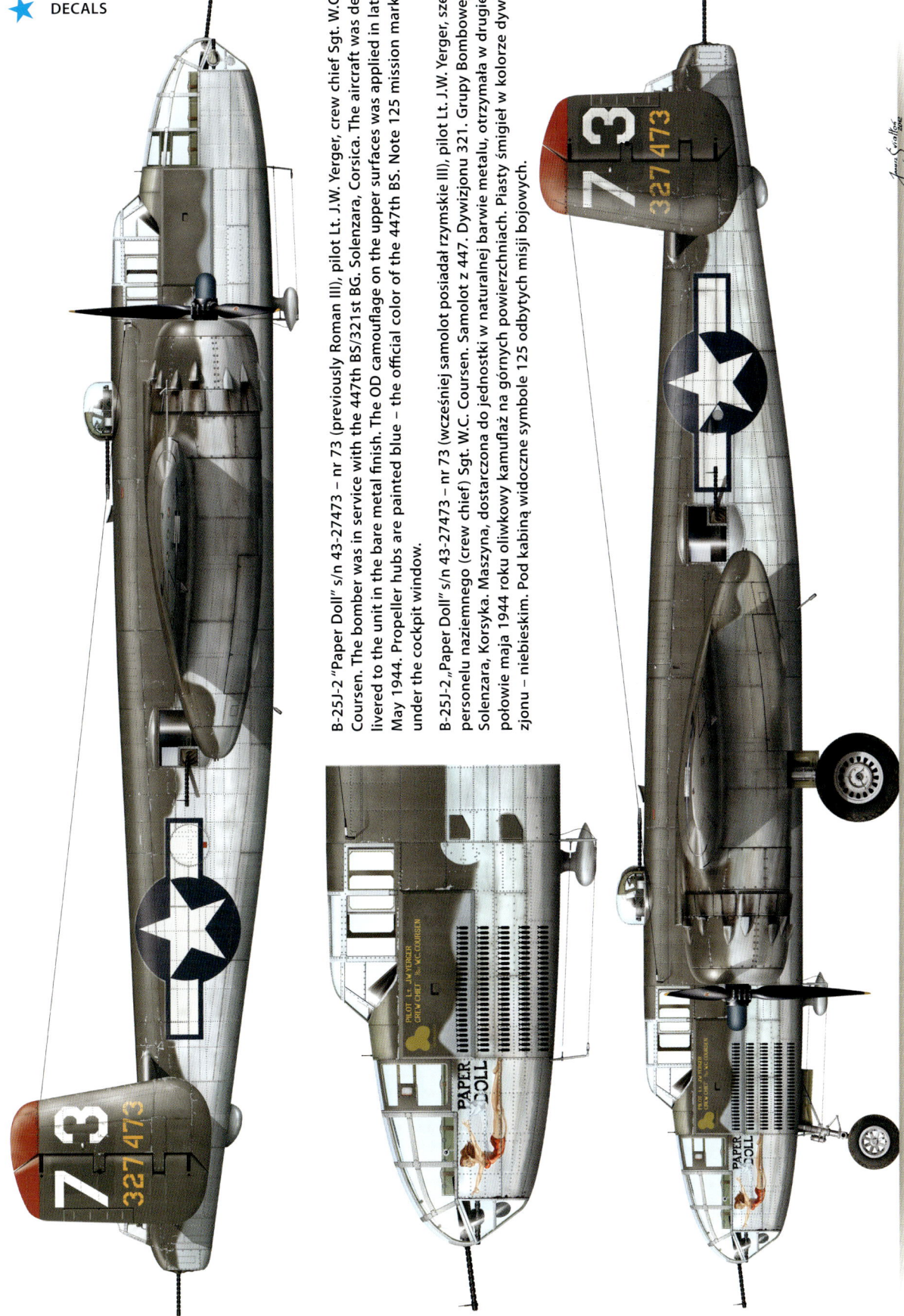

B-25J-2 "Paper Doll" s/n 43-27473 – nr 73 (previously Roman III), pilot Lt. J.W. Yerger, crew chief Sgt. W.C. Coursen. The bomber was in service with the 447th BS/321st BG. Solenzara, Corsica. The aircraft was delivered to the unit in the bare metal finish. The OD camouflage on the upper surfaces was applied in late May 1944. Propeller hubs are painted blue – the official color of the 447th BS. Note 125 mission marks under the cockpit window.

B-25J-2 „Paper Doll" s/n 43-27473 – nr 73 (wcześniej samolot posiadał rzymskie III), pilot Lt. J.W. Yerger, szef personelu naziemnego (crew chief) Sgt. W.C. Coursen. Samolot z 447. Dywizjonu 321. Grupy Bombowej. Solenzara, Korsyka. Maszyna, dostarczona do jednostki w naturalnej barwie metalu, otrzymała w drugiej połowie maja 1944 roku oliwkowy kamuflaż na górnych powierzchniach. Piasty śmigieł w kolorze dywizjonu – niebieskim. Pod kabiną widoczne symbole 125 odbytych misji bojowych.

*She's Engaged!*

U.S. ARMY B-25J-2-NC
SERIAL NO. AAF 43-27559
CREW WEIGHT 1200 LBS

SERVICE THIS AIRPLANE WITH
SPARE TOGGLE FUEL. IF NOT
AVAILABLE U.S. 91 OCTANE WILL BE
CONSULTED FOR EMERGENCY ACTION.

SUITABLE FOR AROMATIC FUEL

FIRST LT. JOHN W. ALLEN
AIRPLANE COMMANDER

T/SGT. ELTON T. LARSEN
CREW CHIEF

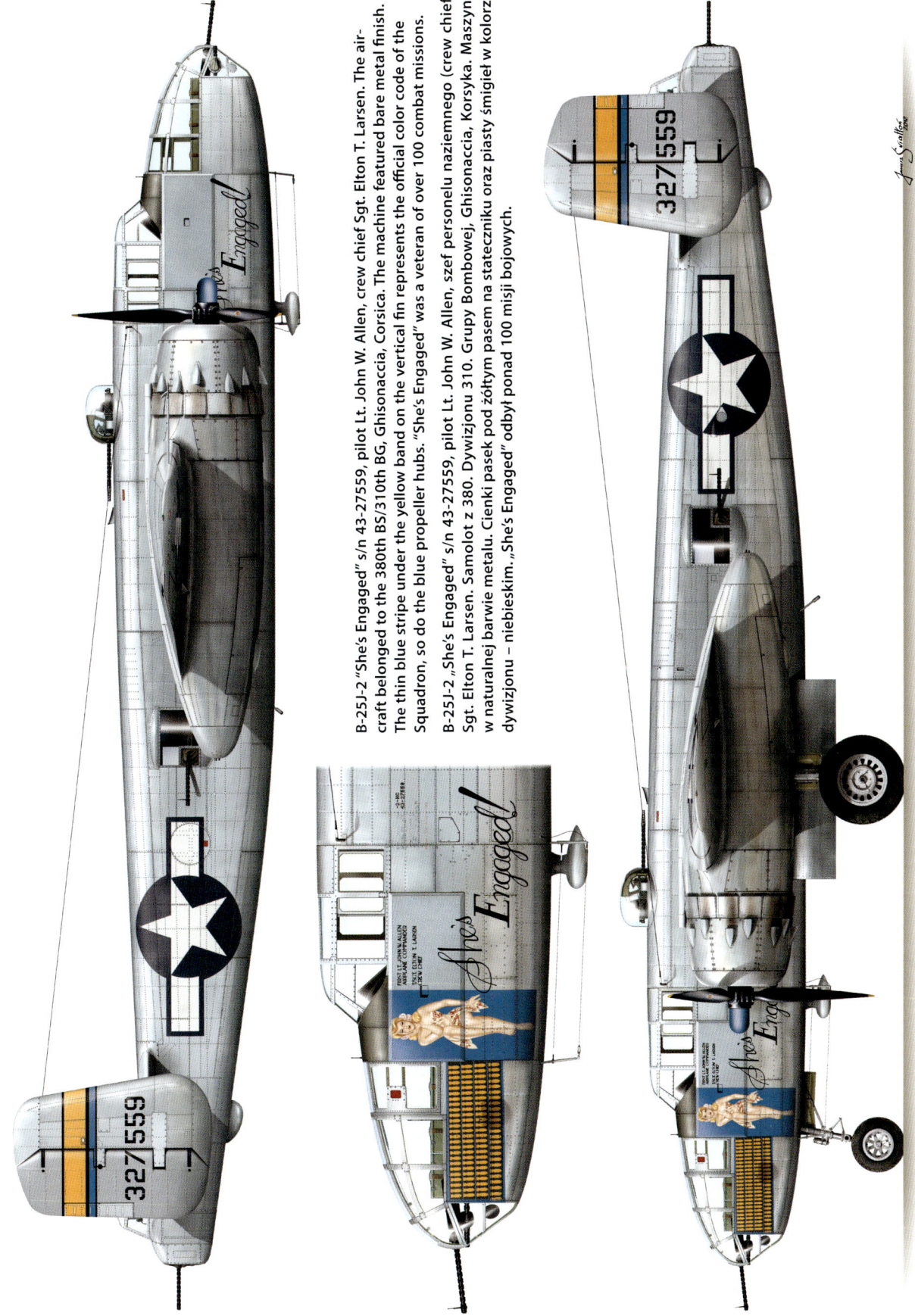

B-25J-2 "She's Engaged" s/n 43-27559, pilot Lt. John W. Allen, crew chief Sgt. Elton T. Larsen. The aircraft belonged to the 380th BS/310th BG, Ghisonaccia, Corsica. The machine featured bare metal finish. The thin blue stripe under the yellow band on the vertical fin represents the official color code of the Squadron, so do the blue propeller hubs. "She's Engaged" was a veteran of over 100 combat missions.

B-25J-2 „She's Engaged" s/n 43-27559, pilot Lt. John W. Allen, szef personelu naziemnego (crew chief) Sgt. Elton T. Larsen. Samolot z 380. Dywizjonu 310. Grupy Bombowej, Ghisonaccia, Korsyka. Maszyna w naturalnej barwie metalu. Cienki pasek pod żółtym pasem na stateczniku oraz piasty śmigieł w kolorze dywizjonu – niebieskim. „She's Engaged" odbył ponad 100 misji bojowych.

*Painted by Janusz Światłoń*

U.S. ARMY B-25J-2-NC
SERIAL NO. AFF 43-27700
CREW WEIGHT 1200 LBS

SERVICE THIS AIRPLANE WITH
GRADE 100/130 FUEL. IF NOT
AVAILABLE T.O. NO. 06-5-1 WILL BE
CONSULTED FOR EMERGENCY ACTION.

MY NAKED ASS !